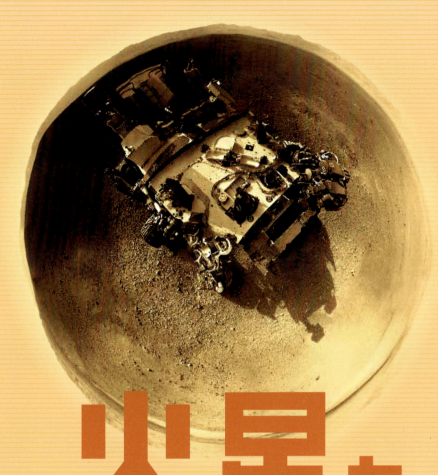

火星を知る！

監修 **吉川 真**
構成・文 **三品隆司**

岩崎書店

調べる学習百科　火星を知る！　●もくじ

イメージの火星

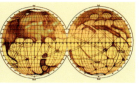

火星と神話……4

火星の発見 ❶……6

火星の発見 ❷……8

火星の発見 ❸……10

火星人登場 ❶……12

火星人登場 ❷……14

火星の観察

火星の位置を知る……16

火星と地球をくらべる……18

火星の大接近……20

これからの火星はどこに見える？……22

火星観光

[NASA/JPL]

火星の姿を知る……24

火星はどんなところか？……26

巨大火山を見る ❶……28

巨大火山を見る ❷……30

火星の峡谷を見る……32

火星の素顔を知る ❶……34

火星の素顔を知る ❷……37

クレーターを見る ❶……40

クレーターを見る ❷……42

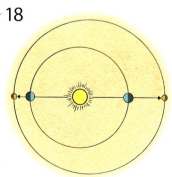

表紙：探査機バイキングが、火星上空から撮影したアルギュレ平原付近。[NASA/JPL]
前見返し：探査車キュリオシティが、魚眼レンズで撮影したゲール・クレーター内部。[NASA/JPL]
後見返し：探査機オデッセイの地形データから再現された火星表面。[NASA/JPL]
裏表紙：上＝探査機マーズ・リコネサンス・オービターが撮影した砂丘。[NASA/JPL]
右下＝探査車オポチュニティが撮影したビクトリア・クレーターの崖。[NASA/JPL]
左下＝H.G.ウェルズの小説『宇宙戦争』の挿絵の1枚。

[NASA/JPL]

火星への挑戦

[NASA/Clouds Ao/SEArch]

砂丘・平原 …… 44

火星の極地へ …… 46

火星の大気 ❶ …… 48

火星の大気 ❷ …… 50

火星の水 ❶ …… 52

火星の水 ❷ …… 54

2つの小さな衛星 …… 56

火星の奇妙な地形 …… 58

火星に生命はいるか？ …… 60

火星探査の歴史 …… 62

これからの火星探査 …… 66

火星に住む …… 68

[NASA]

火星の誕生から現在まで …… 55
人類を火星に送り出すルート …… 65
火星を地球化する …… 69

さくいん …… 70

火星のキーワード …… 72

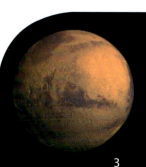

「火星の自転」
ページをパラパラとめくると、自転のようすがわかります。

[NASA/SVS]

Mars and Myths

火星と神話

古代から人々は、太陽や月はもとより、
星々の間で不思議な動きをする惑星たちを注意深く観察し、占星術を発展させました。
中でも赤く不気味にかがやく火星は、特異な役割をあたえられた天体でした。

火星の神は戦いの神

古来火星は、その流れる血をおもわせる不気味な色から、戦争や災厄のイメージがつきまとう星でした。古代メソポタミア（現在のイラク）の占星術では、戦争の神であるネルガルとむすびつけられました。その後、メソポタミアの占星術が古代ギリシャにひきつがれると、ギリシャ神話の軍神アーレスの星としてひろまりました。アーレスは古代ローマではマルスとよばれたことから、火星は現在、マルスの英語読みのマーズ（Mars）とよばれているのです。

ネルガル神
古代メソポタミアの戦争の神、または黄泉の国（地獄）を支配する神であり、死と疫病などをもたらすとされた。上は、1〜2世紀の古代イランのパルティア王朝の時代につくられたレリーフで、中央にたつのがネルガル。

火星の記号
古くから惑星を表す記号（シンボル）は、占星術などでつかわれた。左の火星の記号は、アーレス（マルス）の盾と槍を表すといわれている。現在、男性を表す記号としてもつかわれる（女性は金星の記号→♀）。

アーレス神
ギリシャ神話の最高神ゼウスと妻ヘラの一人息子で戦争の神。もう一人の戦争の女神アテナは戦略的戦いを司ったが、アーレスは、血なまぐさく破壊的な戦いをこのんだといわれる。
アーレスと美の女神アフロディーテ（ビーナス）との間には、ポボズ（不安の神）とデイモス（恐怖の神）の兄弟と、娘ハルモニー（調和の神）がいる（56、57ページ参照）。
［イタリア、ナツィオナーレ・ロマーノ博物館所蔵］

一方で、ネルガルは太陽神でもあった。古代メソポタミアでは、太陽は明るく健康的なイメージとは正反対の存在としてあつかわれている。太陽神は酷暑をもたらし、干ばつや大洪水をおこし、人々を疫病や死へと追いやる災厄の神だった。

西洋占星術と惑星

近代的な科学が登場するまで、占星術は天文学とほとんど区別なく発展した純粋な学問の一分野でした。占星術では太陽と月と、水星から土星までの5惑星の動きは、地球や人間社会にさまざまな影響をおよぼしているにちがいないとかんがえられました。そこで、黄道十二宮（天球上の太陽の通り道にある12の星座）の間を通る惑星の動きがくわしくしらべられました。

占星術書の中の火星
黄道十二宮のそれぞれを支配する惑星を守護星という。火星はさそり座とおひつじ座の守護星で、活力、情熱、攻撃性などに関係しているといわれる。図は、15世紀の占星術の本にある火星の化身のアーレス神と2つの星座。

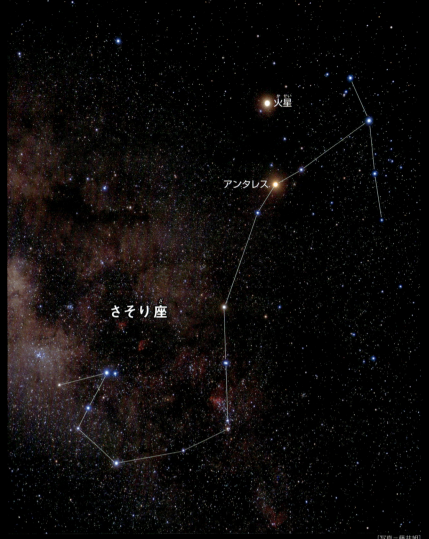

[写真=藤井旭]

2つの赤い星
夏の夜空の代表的星座さそり座の一等星は赤くかがやくアンタレス。火星とおなじように黄道（天球上の太陽の通り道）上にあるため、よく火星とまちがえられたことからアンタレス（火星に似たもの）という意味の名がついたといわれている。写真はアンタレスとならんでかがやく、大接近（20ページ参照）した火星。恒星であるアンタレスは、実際には火星と比較にならないほど大きく明るい。

なぜ火星とよばれるのか？

火星というよび方は、中国から伝わりました。古代中国では、世界は、木、火、土、金、水という五つの要素（元素）からなり、それらの変化や組み合わせで、世の中すべてのことを理解しようという「五行思想」がうまれました。このかんがえがひろまると、もともとちがうよび名のあった5つの惑星にも五行思想に合わせて、それぞれ5つの要素がわり当てられました。もとは「熒惑」とよばれていた火星が割り当てられたのが、見た目のイメージに合わせた「赤い火」の要素だったというわけです。

五行思想のイメージ図
自然や人間社会の現象は、すべて五つの要素が、互いに関係しあってなりたっている。

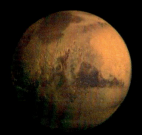

占星術は、西洋だけでなく、イスラム文化圏、インド、中国、マヤ、アステカの古代文明でそれぞれ異なる発展をとげた。また、天文学の発展とともに占星術の解釈も変化した。

火星の発見 ①

Discovery of Mars

16世紀、コペルニクスは、「地動説」という、
それまでとはまったく異なる、新しい宇宙の姿をとなえました。
しばらくのち、火星の動きを研究したケプラーは、惑星の正しい運動をみちびきだしました。

地球が中心か、太陽が中心か

古代から近世にかけて、人々は天にある太陽、月、惑星、星々は、すべて静止した地球を中心にまわっているとかんがえていました。これを「天動説」（地球中心説）といいます。古代ギリシャの時代になると、学者たちによって、たとえば、火星の逆行運動（20ページ参照）のような現象を矛盾なく説明できるような数学的肉付けがなされました。こうして体系化された天動説は、キリスト教会にまもられながら、その後16世紀までヨーロッパ世界を支配します。しかし、ヨーロッパで文化を新しく見直そうというルネサンス運動がひろがると、天動説も、さまざまな批判にさらされるようになりました。最初に異をとなえたのがコペルニクスでした。
彼が主張したのは、太陽が中心にあり、ほかの天体はその周りをまわっているという、現在にも通じる「地動説」（太陽中心説）でした。

クラウディオ・プトレマイオス
（AD2世紀ごろ）
トレミーともいわれるギリシャの天文学者。数学者、地理学者、占星術師でもあった。天動説を研究し、体系づけた大著『アルマゲスト』があるほか、光の研究、緯度と経度の入った地図などもつくった。

天動説と地動説

天動説（右上）も地動説（右下）も、見た目の惑星の運動を再現します。
しかし、コペルニクスが地動説を確信したのは、天動説のような複雑で難しい説明がなくとも、太陽を中心におくことですべての惑星運動が再現できる点でした。

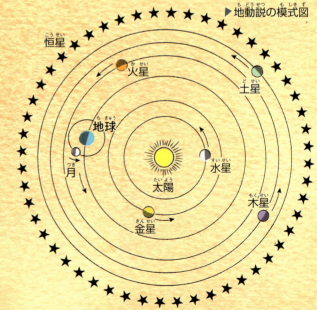

▶ 天動説の模式図
▶ 地動説の模式図

ニコラウス・コペルニクス（1473～1543）
ポーランドうまれ。キリスト教会の聖職者と天文学者を兼任しながら、宇宙の見方の大革命となる理論を打ち立てた。地動説は当時のキリスト教会が支持していた天動説に真っ向から異をとなえる理論だった。

地動説のように、物ごとの見方を180度変えてしまうようなできごとは、後に「コペルニクス的転回」といわれるようになった。

ケプラーの法則の発見

17世紀のはじめに望遠鏡が発明されるまで、天文観測は当然のことながら肉眼でおこなわれていました。16世紀に活躍したデンマークのティコ・ブラーエは、肉眼観測時代では最高の天文学者といわれる人物でした。彼はデンマーク王の支援でヴェン島に広大な天文台をつくると、精力的に天文観測をおこない、大量の細かな観測記録を残しました。ティコが亡くなったあと、助手の一人、ドイツうまれのヨハネス・ケプラーは、ティコが残した惑星の資料のうち、とくに火星に注目し研究をはじめました。その結果、彼が見いだしたのは、惑星は円運動でなく、楕円運動をしているという大発見でした。

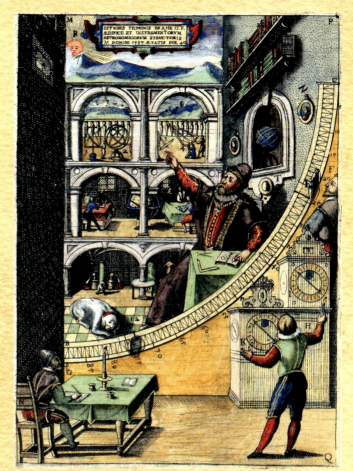

ティコ・ブラーエ
（1546〜1601）

天文観測をするティコ
［16世紀の書物『天文学の観測装置』デンマーク国立図書館所蔵］

頑固で激しい性格の持ち主で、周囲との衝突も多かったといわれる。地動説には疑いを持ち、天動説を修正した独自の天体の姿を考案した。1572年の超新星の観測や、数多くの彗星の観測もおこなった。

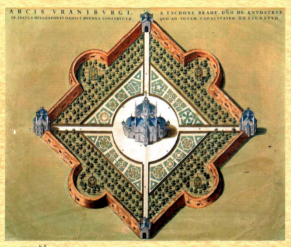

ヴェン島の天文台
ウラニボリ天文台とよばれ、薬草園などもあった。
［16世紀の書物『天文学の観測装置』デンマーク国立図書館所蔵］

ヨハネス・ケプラー
（1571〜1630）
数学に秀でた理論家の天文学者で、地動説を支持していた。一方で、占星術を研究し神秘思想に熱中する一面もあった。

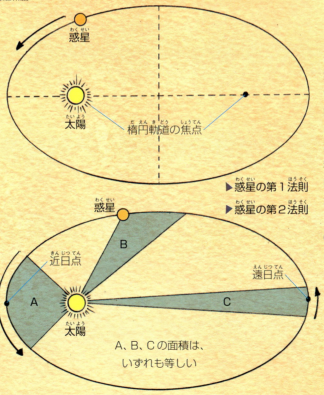

▶惑星の第1法則

▶惑星の第2法則

A、B、Cの面積は、いずれも等しい

ケプラーの法則

第1法則（左上）は「惑星軌道は、太陽を一つの焦点とする楕円軌道をとる」。第2法則（左下）は「惑星と太陽をむすぶ直線は、おなじ時間内につねに等しい面積となる図形をえがく」。ほかに「すべての惑星の軌道のならびには規則性がある」という第3法則がある。いずれも、のちのニュートンの「万有引力」につながる重要な発見だった。

古来、天体は完全な球であり、その運動は完全な円をえがくと信じられていた。コペルニクスでさえ、惑星は円運動をしていると信じてうたがわなかった。

Discovery of Mars

火星の発見 2

17世紀初め、天文学が大躍進を遂げるきっかけとなった望遠鏡の発明がありました。現在のものにくらべ明らかに性能が悪い望遠鏡でしたが、レンズ越しに見た火星の姿に、天文学者たちは大いに想像力をかき立てられました。

ガリレオが製作した望遠鏡

ガリレオ・ガリレイ
（1564〜1642）
実験を基礎とする「近代科学の創始者」といわれている。地動説を支持し、教会と対立する生涯を送った。

火星に最初に望遠鏡を向けたガリレオ

イタリアの天文学者ガリレオは、1609年、手づくりの望遠鏡を星空にむけました。世界初の望遠鏡による天体観測です。ほどなくガリレオは、木星の4大衛星や、月にクレーターを確認するなどの大発見をしました。火星にもレンズを向けたガリレオは、火星の満ち欠けに気づいたといわれています。しかし、彼の望遠鏡の性能では、表面の模様までは確認できなかったようです。

最初の火星スケッチをのこしたホイヘンス

ガリレオのころよりも望遠鏡の改良がすすむと、火星観測にも成果があらわれはじめました。オランダの天文学者であり物理学者のホイヘンスは、1659年、表面に黒い影のある火星のスケッチをのこしました。それは現在、大シルチス台地とよばれている黒く見える一帯をえがいたものといわれています。土星へも目をむけたホイヘンスは、環を確認したり、衛星タイタンを発見したりしています。

大シルチス台地とかんがえられる模様

クリスティアン・ホイヘンス
（1629〜1695）
[オランダ、ハーグ歴史博物館所蔵]

ホイヘンスの1659年11月28日の火星スケッチ

火星の「季節変化」をとらえたハーシェル

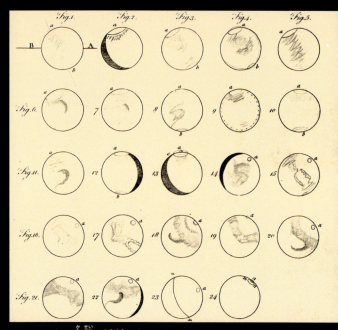

ハーシェルの火星の連続スケッチ
いちばん上の列に北極冠がえがかれているほか、満ち欠けも記録されている。

ドイツにうまれ、イギリスで活躍したハーシェルは、数多くの大望遠鏡を製作し、天王星の発見のような偉業をいくつも成しとげた大天文学者です。ハーシェルは数ヵ月にわたって火星を観測したスケッチをのこしました。そこには火星の北極冠（46ページ参照）、谷やクレーター、表面の明暗の変化のようすなども記録されています。スケッチは1784年にロンドンで出版されました。

ウィリアム・ハーシェル
（1738〜1822）

ガリレオが木星の4大衛星を発見したのは、1610年1月7日という記録があり、望遠鏡の製作は前年の夏といわれている。

ジョヴァンニ・スキアパレッリ
（1835～1910）
イタリアにうまれる。ミラノのブレラ天文台長を約40年間つとめ、惑星や、小惑星、彗星などを観測した。上院議員でもあった。月や火星のクレーターにも名を残している。

火星に「カナリ」を見たスキアパレッリ

19世紀には望遠鏡はさらに進化をとげました。イタリアの天文学者スキアパレッリは、1877年の火星の大接近を機会に、その後も接近のたびに火星を観察し、地図にして発表しました。

地図には、スキアパレッリがイタリア語で「溝」という意味の「カナリ canali」とよんだ、たくさんの筋模様が火星表面を網目のようにはしるようすがえがかれていました。ところが、このカナリが英語で「運河」をさす「カナル canal」と訳されたことから、運河があるなら、それをつくった「火星人」がいるにちがいないというかんがえがひろまり、世界中で大注目を集める結果となりました。同時に「運河は本当にあるのか」、その正否をめぐる議論もさかんになりました。

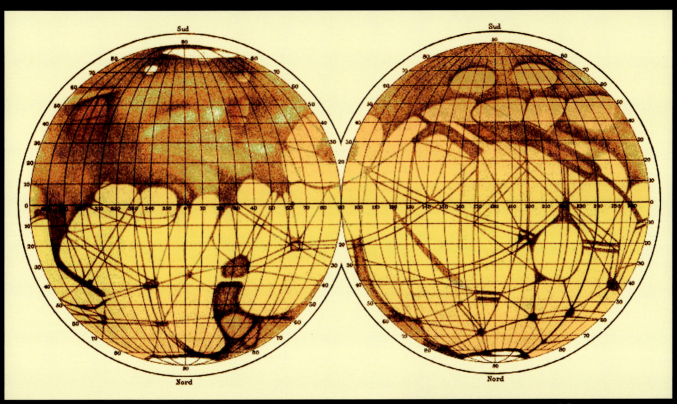

スキアパレッリの火星地図
1882年から1898年にかけて、何種類もつくられ、出版された地図のひとつ。上に南極冠、下に北極冠がえがいてある。

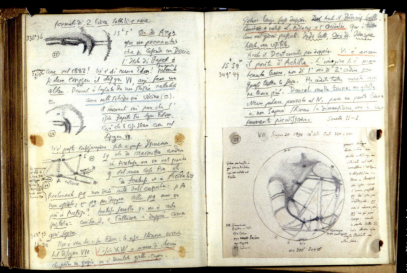

スキアパレッリのノート
カナリとよんだ火星表面の筋模様のようすがくわしくえがき込まれている。

「カナリ」を「運河」と訳したのは、フランスの天文学者フラマリオンで、誤訳ではなく、意図的であったともいわれている。彼も火星に筋模様を見て、火星人を想像したひとりだった。

Discovery of Mars

火星の発見 ヨ

スキアパレッリの火星の「運河」の発見によって、火星には、それをつくれるだけの高度な文明をもつ「火星人」がいるにちがいないというかんがえがひろまりました。この主張の魅力にとりつかれたのがアメリカのパーシバル・ローウェルでした。

実業家ローウェル

アメリカの実業家であったローウェルは、アリゾナ州フラグスタッフに私財を投げ打って天文台をたてると、火星の「運河」の観測に没頭しました。やがてローウェルは「運河」の解釈をさらに拡大し、「運河は、砂漠化した火星で、知能のすぐれた生物（火星人）が、極地に残る水を都市にはこぶためにつくったもの」という仮説を発表して人々をおどろかせます。おかげで、世間では火星にすむ火星人というイメージがひろがりました。ただし、ローウェルの主張は、同時代の天文学者たちにおなじように受け入れられたわけではありませんでした。

金星を観測中のローウェル（1914年ごろ）
アメリカの裕福な家庭にうまれ、大学では物理学や数学を学ぶ。実業家として成功したのち、天文学に打ち込んだ。晩年は海王星の外側に9番目の惑星があると予想し、没後の1930年になってローウェル天文台のクライド・トンボー（1906～1997）が予想された軌道周辺に冥王星を発見した。この「予言」が、ローウェル最大の業績といわれている。

1904年のパーシバル・ローウェル（1855～1916）

日本に来ていたローウェル

意外なことに、ローウェルは日本に強い関心をいだいていたといわれ、明治時代、数回にわたって来日し、一時期は日本にすみ、能登半島など日本各地を旅行していました。その体験や感想は本として出版され、アメリカに紹介されました。ただし、日本文化や日本人の性格についての解釈はかなり独断的で、科学的な見方に欠けている面が多くみられます。ところで、興味深いことにローウェルは、日本で天文台を建設する計画をたてていたとも伝えられています。

立山連峰の針の木峠を登山するローウェル（左）と人夫たち
[協力：ローウェル天文台　Lowell Observatory Archives]

ローウェルの初来日は1883年だった。『怪談』などの作者として有名な作家ラフカディオ・ハーン＝小泉八雲（1850～1904）は、ローウェルの著書を読んで、来日を決意したといわれている。

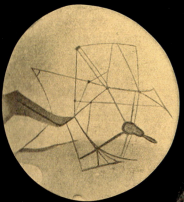

ローウェルの火星スケッチ
火星の観察に情熱的に取り組み、多くのスケッチを残した（上と下）。しかし、観測しても運河のような筋模様は確認できないという研究者は多く、ローウェルの主張は批判された。

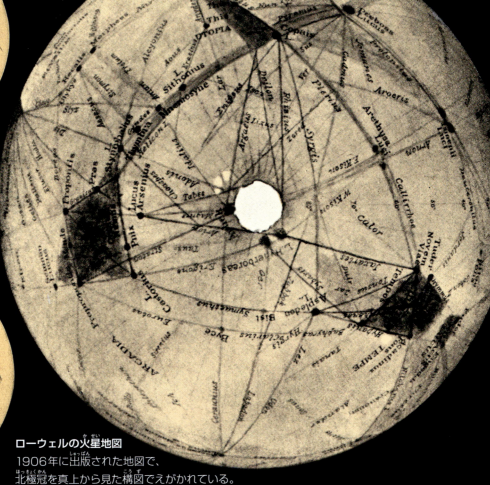

ローウェルの火星地図
1906年に出版された地図で、北極冠を真上から見た構図でえがかれている。運河には神話にちなんだ名前がつけられている。

火星に運河はない ── アントニアディ

ギリシャ人の天文学者アントニアディは、はじめこそ「運河説」を支持していましたが、のちに否定するようになりました。ある時期、フランスのムードン天文台にうつった彼は、そこで当時としては優れものの83cm屈折望遠鏡で火星の観測をつづけました。ところが、いくら火星を見ても、運河は見えず、ただ暗い斑点が見えるだけです。アントニアディはこの観測で、斑点のつらなりが「運河」のように見えたにすぎないことを確信しました。この例のように、各国の天文台の望遠鏡が優秀になるにつれ、「運河説」は、しだいにかえりみられなくなっていきました。

ウジェーヌ・アントニアディ
（1870〜1944）
トルコでうまれたギリシャ人で、のちにフランスに帰化した。すぐれた惑星の観察者で、水星、金星の観測もおこなった。

アントニアディの火星スケッチ
ムードン天文台での観察をもとにえがかれた。上が南極冠。

「運河説」をめぐる議論は、ローウェルの死後も長らくつづいた。結局、運河がないという決定的証拠は、1960年代にNASA（アメリカ航空宇宙局）のマリナー探査機が火星上空から撮った写真によってもたらされた。

火星人登場 ①

The Martian emerged

ローウェルの「運河説」の主張は、当時から専門家たちにひろく受け入れられたわけではありませんでした。しかし、小説家や画家たちは大きな刺激をうけ、想像力豊かに火星人の姿をえがきだしました。

小説に登場した「火星人」

イギリスの小説家H.G.ウェルズは、学生時代に生物学を学ぶなど自然科学への強い関心をもっていました。やがて作家としてデビューすると『タイム・マシン』や『透明人間』といった科学知識に裏打ちされた、現在のSF小説のルーツとなる作品群を発表しはじめます。そして1898年、当時話題になっていたローウェルの「火星人」に触発されて書いたのが『宇宙戦争』です。大まかなストーリーはつぎのようなものです。ある日、巨大な円筒にのって地球にやってきた火星人たちが、戦闘ロボット（トライポッド）をあやつって都市を破壊し、人々を殺しはじめます。地球の軍隊が必死の応戦をしますが大苦戦、いよいよ征服されてしまうかというときに、突然火星人たち全員が謎の死をとげ、地球はすくわれます。じつは火星人たちは地球上の病原菌に感染しており、細菌に対する免疫をもっていなかったために全滅したのでした。
この新しく衝撃的な内容の小説は大評判となり、人々に火星人のイメージを定着させ、彼につづく作家たちにも大きな影響をあたえることになりました。

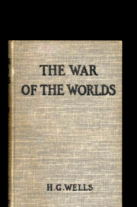

H.G.ウェルズ
(1866～1946)
フランスのジュール・ヴェルヌ
(1828～1905) とともに
「SFの父」といわれている。

『宇宙戦争』1898年、初版時の表紙

「火星人」の小説が続々登場

ウェルズが切りひらいたSF（サイエンス・フィクション）小説とは、科学的な空想にもとづいて書かれた小説です。ウェルズにつづくSF作家たちが、火星人（宇宙人）が登場する作品をつぎつぎに発表し、それは現在もつづいています。

火星人の登場する代表的な小説

1. エドガー・ライス・バローズ 著『火星のプリンセス』1917年。彼の『火星シリーズ』の第1作。[表紙写真＝アメリカの初版時]
2. レイ・ブラッドベリ 著『火星年代記』1950年。人類の火星移住計画があつかわれた作品。[表紙写真＝『火星年代記［新版］』小笠原豊樹・訳　「ハヤカワ文庫SF」]
3. ロバート・A・ハインライン 著『異星の客』1961年。火星人に育てられた一人の人間の青年が主人公。[表紙写真＝井上一夫・訳　「創元SF文庫」]

タコ型火星人

1917年版の『宇宙戦争』の挿絵に登場した。脳は人類より大きく、重力の小さい火星では、身体をささえるのは細い足でよいという発想からこの姿がうまれた。以降、典型的な火星人の姿として世の中にひろまった。

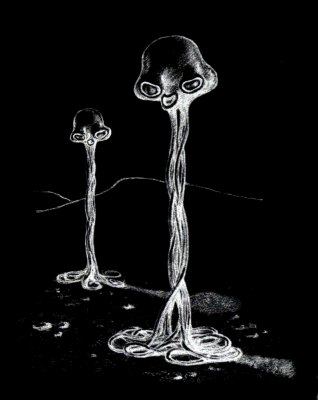

『宇宙戦争』の挿絵
1906年のフランス語限定版のために、ブラジルの画家エンリケ・アルビン・コレアがえがいた130点の内の1点。火星人の戦闘ロボット（トライポッド）が深夜の街に突如あらわれた場面。

The Martian emerged

火星人登場 2

やがて「火星人」は小説の世界をとび出して、映画や演劇などにも登場するようになります。このような文化、芸術のジャンルへの貢献こそ、ローウェルの最大の業績だと評価する人もいます。

映画にも火星人あらわる

1960年代の火星探査計画によって、火星には峡谷や火山はあるものの、運河はどこにも存在しないことがはっきりしました。しかし、その後も「火星人」の人気はおとろえを見せませんでした。「火星人」という表現も、宇宙のどこかにいるであろう宇宙人（文明をもつ知的生命体）の代名詞としてつかわれるようになります。いまや火星人という想像上の生き物は、小説だけでなく、映画や演劇、テレビ、マンガ、ゲームなどにも登場して、わたしたちの知的な好奇心を刺激しつづけています。ここでは、「火星人」が登場した伝説的ラジオ番組と、代表的な映画のいくつかを紹介します。

ラジオ放送で大パニック

1938年10月30日、アメリカでH.G.ウェルズの小説『宇宙戦争』（12ページ参照）が、ラジオドラマとして放送された。このとき、ドラマ開始のきっかけが音楽番組の途中に入る「臨時ニュース」というかたちをとっていたため、ラジオをきいて、本当の火星人襲来と信じこんだ人々の間で大パニックがおこったといわれている。上の写真は、この伝説的ラジオ番組を仕組んだ、俳優のオーソン・ウェルズ（右から2人目）と記者たち。

スティーブン・スピルバーグの『宇宙戦争』
2005年、アメリカ

『E.T.』や『未知との遭遇』など、宇宙人と人類との「友好的接触」をあつかった映画をつくってきた映画監督が、ウェルズ原作の「攻撃型宇宙人」の登場する映画をてがけた。「まったく交流不可能な未知の相手に対する人類の恐怖」がえがかれている。

映画化された『宇宙戦争』
1953年、アメリカ

ウェルズの小説『宇宙戦争』は、発表から約半世紀後、アメリカで映画になった。火星人の3本足の戦闘機械が、空飛ぶ円盤型にかえられている点など、いくつかの変更以外は、ほぼ原作をいかしてつくられている。コンピューターグラフィックのない時代の特殊撮影がふんだんにつかわれた作品。

小説や映画に登場する火星人（宇宙人）のタイプは、おもに3種類ある。1番目は友好的態度で地球にやってくるもの。2番目は地球征服をたくらんで攻撃を

リアルな火星探査の映画も登場『オデッセイ』
2015年、アメリカ

近未来に有人探査でおとずれた火星を舞台にした映画で、いわゆる「火星人」は登場しない。火星上でおきた大砂嵐による事故が原因で、ひとり置き去りにされた宇宙飛行士の、『ロビンソン・クルーソー』さながらの生き残りをかけた孤独なたたかいのようすがえがかれている。映像には、現在の火星探査で得られた火星環境の知識や、今後の基地計画の居住施設などが正確に再現された。左の写真は、主人公の植物学者である宇宙飛行士が、火星基地の中でジャガイモを栽培しているところ。将来の有人火星探査で実現するにちがいない。映画の原題は『The Martian』なので「火星人」とも訳すことができる。

Solar system

火星の位置を知る

火星は、地球とおなじく太陽系という、太陽を中心とした天体のグループの中にある惑星のひとつです。
太陽をまわる惑星は全部で8つあり、火星は太陽から4番目に近い距離の軌道をまわっています。

太陽系の顔ぶれ

太陽は自分で光りかがやく恒星です。その太陽を中心に、
惑星をはじめ準惑星、無数の小惑星や太陽系外縁天体、衛星、「ほうき星」ともよばれる彗星などが周りをまわっています。
それらの天体と太陽が影響をおよぼす範囲全体を太陽系とよんでいます。
8つの惑星は、太陽に近い方から水星、金星、地球、火星、木星、土星、天王星、海王星の順で
公転軌道(太陽をまわる道筋)をもっています。

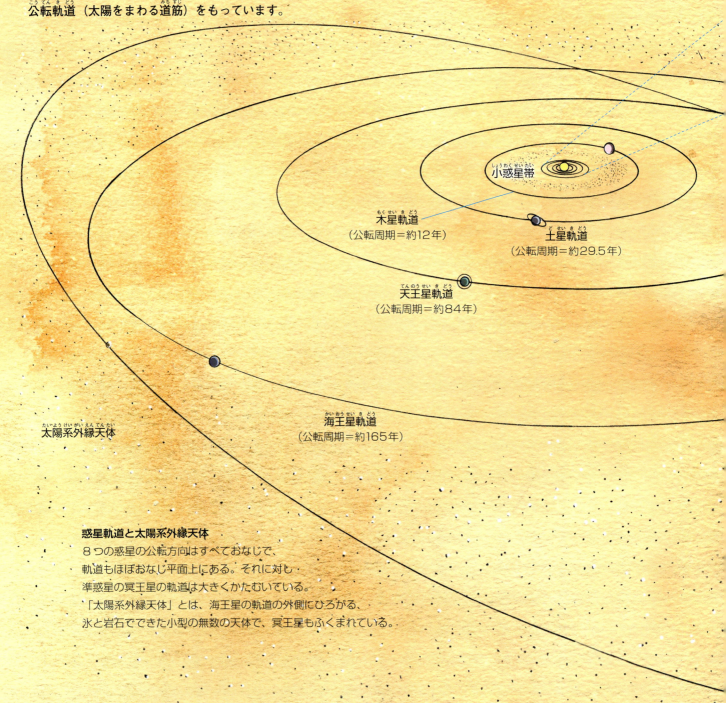

惑星軌道と太陽系外縁天体
8つの惑星の公転方向はすべておなじで、
軌道もほぼおなじ平面上にある。それに対し
準惑星の冥王星の軌道は大きくかたむいている。
「太陽系外縁天体」とは、海王星の軌道の外側にひろがる、
氷と岩石でできた小型の無数の天体で、冥王星もふくまれている。

太陽系の惑星は、特徴から大きく3つにわけられる。水星、金星、地球、火星のような岩石からできている惑星は「地球型惑星」。おもにガスからなる木星と土星は「巨大ガス惑星」。おもに氷からなる天王星、海王星は「巨大氷惑星」とよぶ。「巨大ガス惑星」と「巨大氷惑星」をまとめて、「木星型惑星」とよぶこともある。

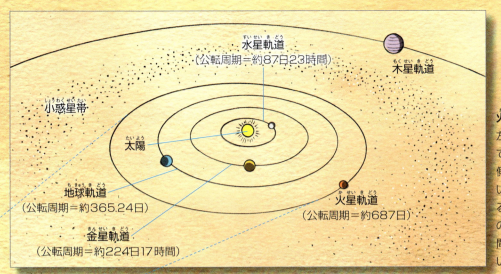

火星の軌道とその周辺
左は、太陽に近い惑星の軌道を拡大して見たところ。火星は地球のひとつ外側の軌道を、約687日かけてまわっている。「小惑星帯」は、小惑星とよばれる岩石や金属、炭素などでできた無数の小天体のあつまりで、火星と木星の間を帯状にひろがり、太陽をまわっている。

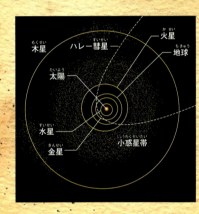

真上から見た太陽系天体の軌道
北極方向から見下ろしたところ。8つの惑星、冥王星(準惑星)、ハレー彗星のそれぞれの軌道が、ほぼ実際の比率で表してある。惑星の軌道は、みな完全な円ではなく楕円をえがいている。
(資料＝NASA)

太陽系のいちばん外側は、数千億個の氷の小天体が球状にひろがる「オールトの雲」でおおわれていて、長い周期をもつ彗星はそこからやってくるらしい。太陽系の果てまでの距離は地球から太陽までの距離の、およそ1万〜10万倍といわれている。

Mars and The Earth

火星と地球をくらべる

火星は地球のように岩石でできた惑星（地球型惑星）で、
誕生した時期も、地球とおなじく、
今からおよそ46億年前とかんがえられています。
見た目や表面の環境など、地球とは異なる点も多いですが、
太陽系の中で地球にもっとも似ている惑星でもあります。

火星と地球のデータ

大きさは、地球の約半分ほど、質量（重さ）は約10分の1で、
重力は地球の3分の1くらいしかありません。
はっきりした磁場はなく、
大気も地球とくらべてたいへんうすく、
成分も異なります。
また、火星には地球のような海はありません。
一方、火星にも地球のような季節変化があり、
砂嵐などの気象現象もおきます。

黄道面に垂直な線
自転軸　約23.4°
自転軸の傾き
地球

黄道面に垂直な線
自転軸　約25.2°
自転軸の傾き
火星

火星の観察

火星と地球の比較

	火星のデータ	地球のデータ
直径(赤道方向)*1	約 6792km	約 1 万 2756km
質量(重さ)	地球の約 0.1 倍	約 5972×10 億 ×10 億トン
体積	地球の約 0.15 倍	約 1 兆 832 億立方 km
太陽からの平均距離	約 2 億 2800km	約 1 億 4960 万 km
公転周期	約 687 日	1 年(約 365.24 日)
自転周期	約 24 時間 37 分	1 日(約 23 時間 56 分)
自転軸の傾き	約 25.2°	約 23.4°
重力	地球の約 0.38 倍	地球の重力を 1 とする
大気圧	約 100 分の 1	地球の気圧を 1 とする
衛星数	2	1
地球との会合周期*2	779.9 日	―

*1:赤道上の 1 点から地球の中心を通り赤道まで達する直線の距離。
*2:太陽から見て地球と火星がおなじ方向にくる(大接近、小接近のような)周期。

火星の軌道と「ハビタブルゾーン」

惑星などが地球のように表面に液体の海をもつには、いくつもの条件があります。惑星が大気を引きつけておくだけの質量(重さ)をもつこと。表面温度と大気の圧力が、一定の条件を満たすこと。さらに表面温度をたもつには、太陽からの適当なエネルギーを受けられる距離が重要で、ほどよいその範囲をハビタブルゾーンといいます。火星の軌道は境界ぎりぎりといえますが、過去に磁場が消えたことで、現在は海も、濃い大気もうしなってしまいました。

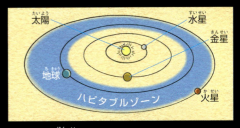

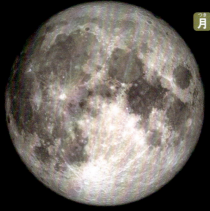

月

月の大きさ
赤道方向の直径は 3475km、
火星のおよそ 2 分の 1 の大きさ。

火星の大接近

火星より内側の軌道にある地球は、火星よりも短い周期で公転していて、約2年2カ月ごとに火星に近づきます。このとき、地球からは大きく明るい火星が観測できます。

■ 火星と地球の軌道

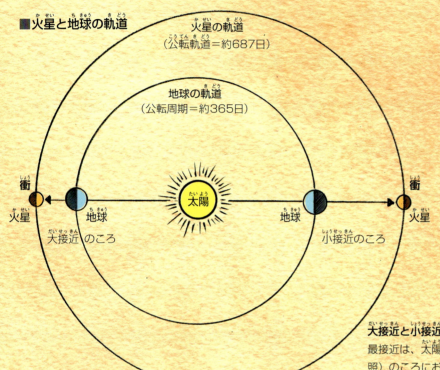

地球が火星に追いつき、追いこす

地球の公転周期が約365日（1年）であるのに対し、火星の公転周期は約687日と長いので、地球は約780日（約2年2か月）ごとに火星に追いつき、追いこします。この機会を最接近といいます。しかし、地球と火星の軌道の距離関係は一定ではなく、2つの惑星が接近する位置も毎回ずれるため、最接近の距離も毎回変わります。これには、火星の軌道がつぶれた楕円形であることが関係しています。地球と火星の軌道がもっとも近づく付近でおきる最接近を「大接近」、もっとも遠くなる付近でおきる最接近を「小接近」といいます。

大接近と小接近の位置関係
最接近は、太陽と地球と火星が「衝」という位置関係（下の図も参照）のころにおきるが、必ずしも衝の日時と一致するとは限らない。これも火星がへん平な楕円軌道をもっていることに関係している。

■ 火星の「逆行」現象

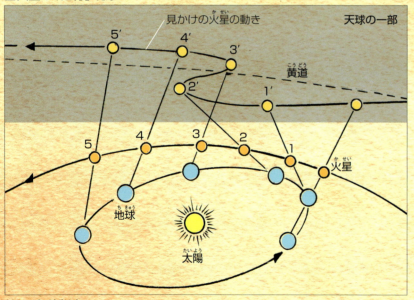

惑星の逆行現象
惑星は、ふつう天球上の星座に対して、西から東へと移動していく。これを「順行」という。しかし、時おり動きを止めたあと逆向きに動き、ふたたび動きを止めて順行にもどる。動きが止まることを「留」、逆向きの動きを「逆行」という。逆行は、地球が外惑星を追いこす場合や、内惑星に追いこされる場合におこる。上の図は火星の例で、2′と3′が留の位置でその間が逆行。「衝」は逆行中におこる。

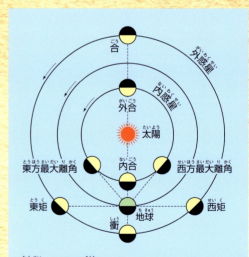

惑星の位置の表し方
上の図は、地球と内惑星（内側の惑星）、外惑星（外側の惑星）の位置関係のよび方をしめしている。衝や合、または内合や外合から次におなじ位置関係になるまでの期間を「会合周期」という。火星の最接近は衝の位置付近でおきる。ほかにも図にあるような位置関係の表し方がある。

■ 最接近のときの地球と火星

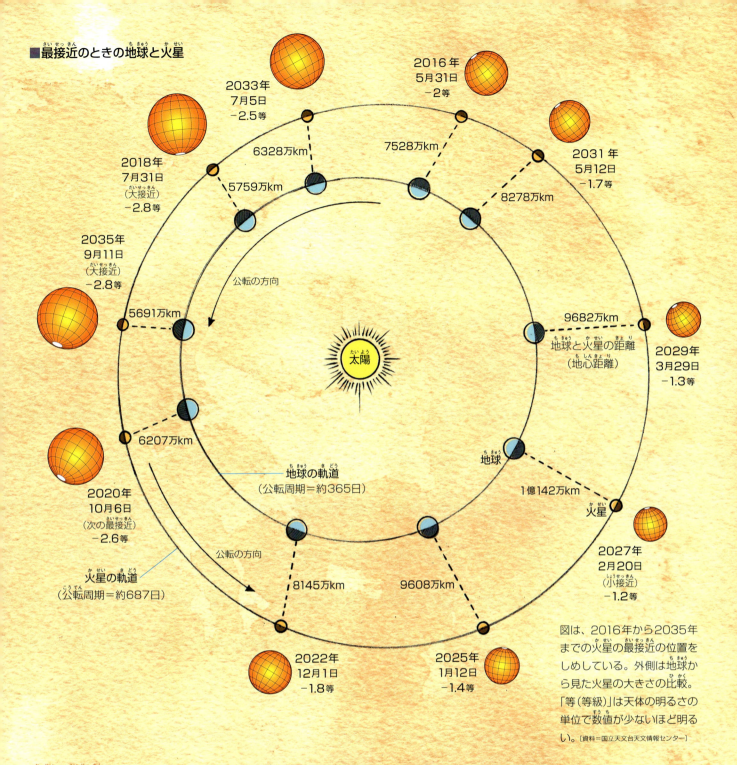

図は、2016年から2035年までの火星の最接近の位置をしめしている。外側は地球から見た火星の大きさの比較。「等（等級）」は天体の明るさの単位で数値が少ないほど明るい。［資料＝国立天文台天文情報センター］

火星の最接近

火星の最接近は、いつも軌道上のおなじ位置でおこるわけではないので、地球と火星との距離も毎回おなじにはなりません。大接近のときと小接近のときでは、見かけの火星の直径の差は2倍ほどになります。大接近がおこるのは15年から17年に1度くらいで、近年では2018年が大接近の年でした（上の図参照）。

2016年の火星（最接近のころ）
ハッブル宇宙望遠鏡がとらえた、最接近の約3週間前の火星。

2018年の火星（大接近のころ）
ハッブル宇宙望遠鏡がとらえた、砂嵐につつまれた火星。

これからの火星はどこに見える？

天球上の太陽の通り道を「黄道」といい、黄道上にある12の星座を「黄道十二星座」といいます。火星をはじめ惑星たちはみな黄道十二星座の中を移動し、はなれることはありません。火星は、およそ2年2ヵ月ごとに地球に接近しますが、接近のときの軌道上の位置がおなじでない（21ページ参照）ために、火星の背景に見える星座も変化します。ここには、2018年の大接近から2038年までの火星の黄道上の位置をしめしてあります。星空で火星をさがすときの参考にしてください。

＊枠内は見かけの火星の大きさの比較、（ ）内の等級は数値が少ないほど明るい。

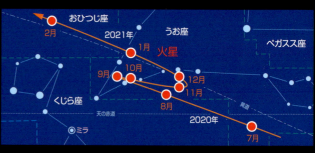

2020年 → 2021年 もっとも近づくのが2020年10月6日。2018年のように小型望遠鏡でも表面のようすを観察できる。（-2.6等）

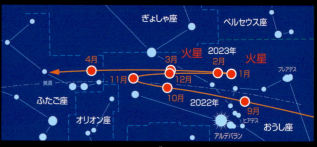

2022年 → 2023年 おうし座にある2022年12月1日にもっとも近づく。翌年4月にはふたご座に移動する。（-1.8等）

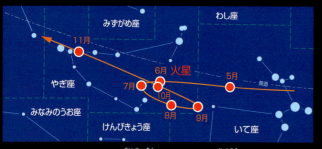

2018年 大接近が7月31日。順行とあともどりする逆行をしながら、やぎ座から、みずがめ座へ移動した。（-2.8等）

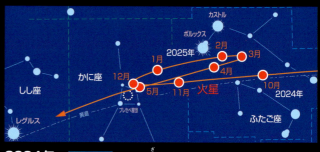

2024年 → 2025年 かに座にある2025年の1月12日にもっとも近づく。ふたご座のカストルとポルックスにならぶ。（-1.4等）

十二星座を移動する3惑星

右は、3つの外惑星である火星、木星、土星の2017年〜2037年ごろまでの移動のようすを表した図だ。赤い★印が火星で、地球に最接近したときの位置だけしめしてある。

（外惑星＝地球の外側の軌道をまわる惑星のこと）

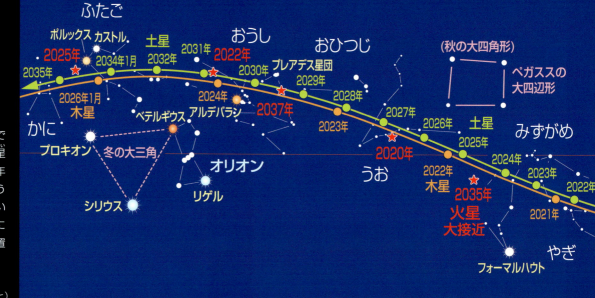

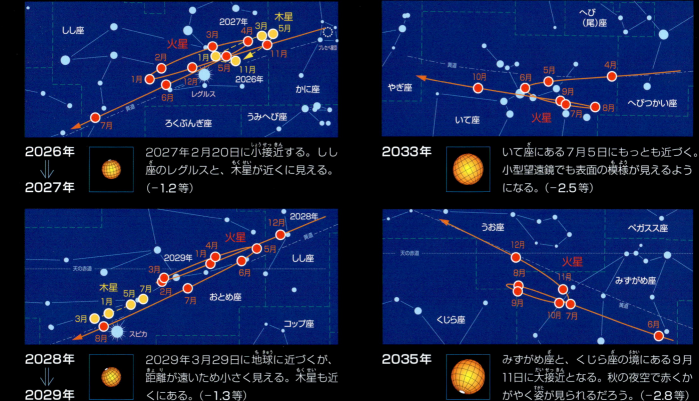

2026年 ⇒ 2027年 2027年2月20日に小接近する。しし座のレグルスと、木星が近くに見える。（-1.2等）

2033年 いて座にある7月5日にもっとも近づく。小型望遠鏡でも表面の模様が見えるようになる。（-2.5等）

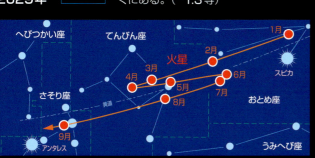

2028年 ⇒ 2029年 2029年3月29日に地球に近づくが、距離が遠いため小さく見える。木星も近くにある。（-1.3等）

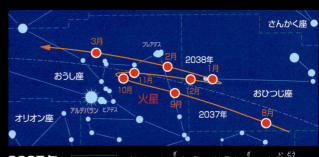

2035年 みずがめ座と、くじら座の境にある9月11日に大接近となる。秋の夜空で赤くかがやく姿が見られるだろう。（-2.8等）

2031年 5月12日にもっとも地球に近づく。9月には、さそり座のアンタレスと夕方の南西の空でならぶ。（-1.7等）

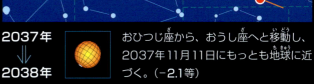

2037年 ⇒ 2038年 おひつじ座から、おうし座へと移動し、2037年11月11日にもっとも地球に近づく。（-2.1等）

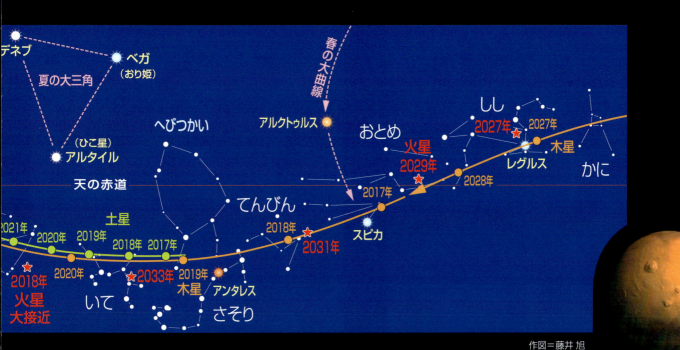

作図＝藤井 旭

Mars figure

火星の姿を知る

なぞにつつまれていた火星表面の姿をはじめて明らかにしたのは、
1960年代から70年代にかけてNASA（アメリカ航空宇宙局）が火星に送りこんだマリナー探査機と、
つづくバイキング探査機が撮影した大量の画像でした。

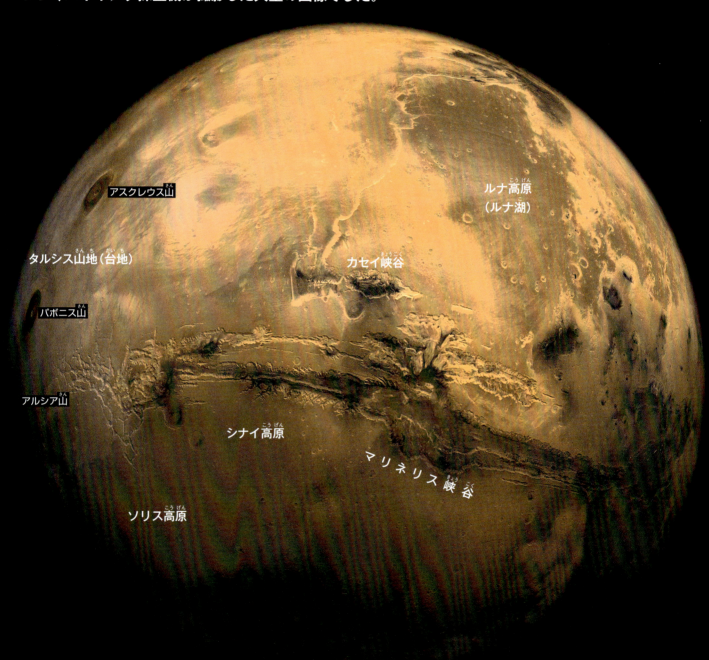

アスクレウス山
ルナ高原（ルナ湖）
タルシス山地（台地）
カセイ峡谷
パボニス山
アルシア山
シナイ高原
マリネリス峡谷
ソリス高原

[NASA/JPL]

A
マリネリス峡谷を中心に見る
中央にマリナー探査機が発見した大峡谷が見える。
ここに紹介した4つの球形の火星像は、
バイキング探査機が約2500km上空から撮影した数百枚の画像を、
モザイクのようにつなぎあわせてつくられた。

10号まであるマリナー計画で、火星探査を目的に打ち上げられたのは、3号、4号、6号、7号、8号、9号で、9号が初の火星をまわる人工衛星となった。3号と8号は打ち上げに失敗している

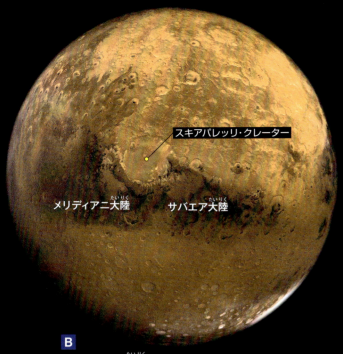

B メリディアニ大陸を中心に見る

C アラビア大陸や大シルチス台地を中心に見る

探査機から火星表面を見る

マリナー探査機が、はじめて撮影した火星の画像には、まるで月の表面のようなクレーターの群れや、見たこともない巨大な火山や峡谷など、火星表面のおどろくべき姿がとらえられていました。その後、1976年におこなわれたバイキング計画では、火星のほぼ全表面がマリナー計画よりもずっと高精度のカラー画像で記録されました。バイキングは、火星の大地の岩石の違い、あちらこちらに洪水でできた川や水の流れたあとがあること、さらに霜や雲や砂嵐の発生など、火星にも地球によく似た地形や、気象現象があることを明らかにしました。これらの成果は火星研究の基礎となり、現在の火星探査の発展へとつながっています。

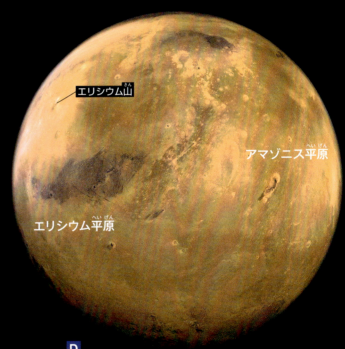

D エリシウム平原やアマゾニス平原を中心に見る

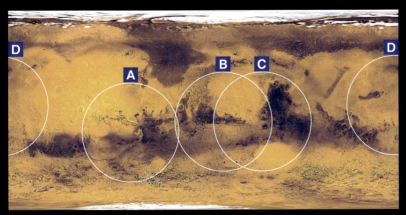

4つの画像の範囲
左は火星を、赤道を横軸にしてひらいて画像化したもの（35〜37ページ参照）で、左右の両端をつなげると、赤道にそって火星を一周することになる。
A〜Dの円内は、4つの球形画像がしめす大まかな範囲だ。

火星はどんなところか？

火星には地球のような海はなく、もちろん草や木もはえていません。
大気の成分も気温の変化も地球とはかなり異なっているので、
人間が火星の上にたったとしても、宇宙服なしではとてもいきていられないでしょう。

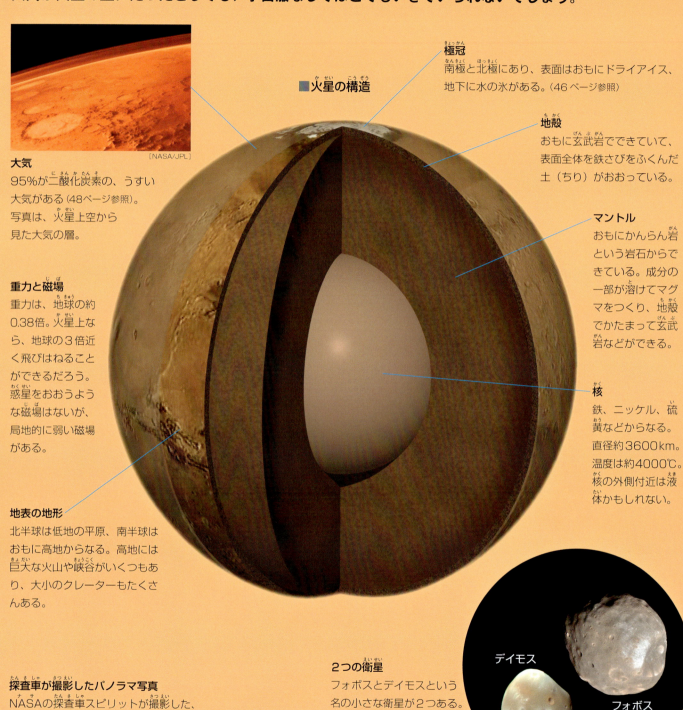

■火星の構造

大気
95%が二酸化炭素の、うすい大気がある（48ページ参照）。写真は、火星上空から見た大気の層。[NASA/JPL]

重力と磁場
重力は、地球の約0.38倍。火星上なら、地球の3倍近く飛びはねることができるだろう。惑星をおおうような磁場はないが、局地的に弱い磁場がある。

地表の地形
北半球は低地の平原、南半球はおもに高地からなる。高地には巨大な火山や峡谷がいくつもあり、大小のクレーターもたくさんある。

極冠
南極と北極にあり、表面はおもにドライアイス、地下に水の氷がある。（46ページ参照）

地殻
おもに玄武岩でできていて、表面全体を鉄さびをふくんだ土（ちり）がおおっている。

マントル
おもにかんらん岩という岩石からできている。成分の一部が溶けてマグマをつくり、地殻でかたまって玄武岩などができる。

核
鉄、ニッケル、硫黄などからなる。直径約3600km。温度は約4000℃。核の外側付近は液体かもしれない。

探査車が撮影したパノラマ写真
NASAの探査車スピリットが撮影した、トロイとよばれる地域。[NASA/JPL]

2つの衛星
フォボスとデイモスという名の小さな衛星が2つある。（56ページ参照）

デイモス　フォボス

火星表面のようすを見る

火星は太陽系の中で、もっとも大きな火山と峡谷を見ることができる惑星です（30、32ページ参照）。名前の由来通り火星が赤い色をしているのは、表面全体が鉄さび（鉄の酸化物）をふくんだ土におおわれているからです。鉄さびがあるのは、過去にこの惑星が大量の液体の水でおおわれていた証拠とかんがえられています。水の一部は、現在、極地や地下に氷として残されています。

過去にあった濃い大気も、現在ではその多くがうしなわれ、二酸化炭素中心のうすいものになってしまいました。その結果、熱をためることができず、「熱しやすく、冷めやすく」なった火星の大気は昼と夜の温度差が大きく、赤道近くでは100℃くらいを上下します。一方、火星にも地球のような季節の変化があり、冬と夏で北極と南極の氷（ドライアイス）がひろがったり、小さくなったりします（46ページ参照）。年間に100回ほどおこる砂嵐は、ときには火星全体をおおってしまうこともめずらしくありません（51ページ参照）。

■気温と気圧（地球との比較）

	火星	地球
平均気温	約-55℃	約15℃
最高気温	約30℃（赤道）	56.7℃（アメリカ、デスバレー）
最低気温	約-140℃（極地）	-89.2℃（南極、ボストーク基地）
平均気圧	地球の約100分の1	1

火星の内部を見る

火星の内部は、地球とおなじように、ゆで卵に似た三重構造になっています。中心に黄身にあたる核があり、その上を白身に相当する厚いマントルがつつみ、表面は殻のようにうすい地殻がおおっています。おもに鉄とニッケルでできた核の温度は約4000℃、火星の直径の半分ほどの大きさがあります。核が完全な固体なのかどうかは今のところよくわかっていません。地球にあるマントルの大規模な対流現象も火星にはありません。地表の火山は、マントル内の局地的な熱の上昇運動の結果できたとかんがえられています。大昔にはあった磁場も、火星の内部が冷えるとともになくなりました。現在は昔の磁場のあとが部分的に残っているだけです。

「重力地図」で謎を解く

火星上空をまわる探査機は、火星表面に重力のばらつきがあると、軌道と速度を微妙にふらつかせます。そこで、3機の探査機の過去の飛行データをしらべ上げて、詳細な重力地図がつくられました（右）。この地図は火星の気象や地形の謎の解明にも役立っています。たとえば、季節による極冠の氷の体積の変化が、同時におきる重力の変化でわかるようになりました。また、謎であった火山地帯の地形のでき方や、火星の中心核の構造などが推測できるようになりました。重力地図は、観測における「新しい目」として利用されています。

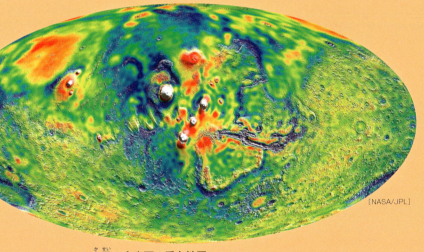

火星の全表面の重力地図
白や赤の部分が重力が大きく、青い部分は小さい。

近年、オリンポス山と、タルシス三山（28、30ページ参照）の4つの火山は、じつはすべてつながったひとつの超巨大火山ではないかという研究報告がある。

火星観光

Volcano of Mars
巨大火山を見る ①

火星の火山は、上空から観察する探査機にとって、もっとも目を引く地形のひとつです。
その理由は、なんといってもその巨大さにあります。
最大のオリンポス山をはじめとする、とくに有名な4つの火山は、
タルシスとよばれる広大な台地の上にあります。

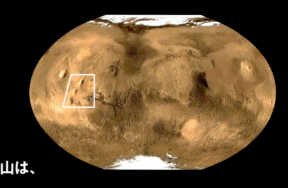

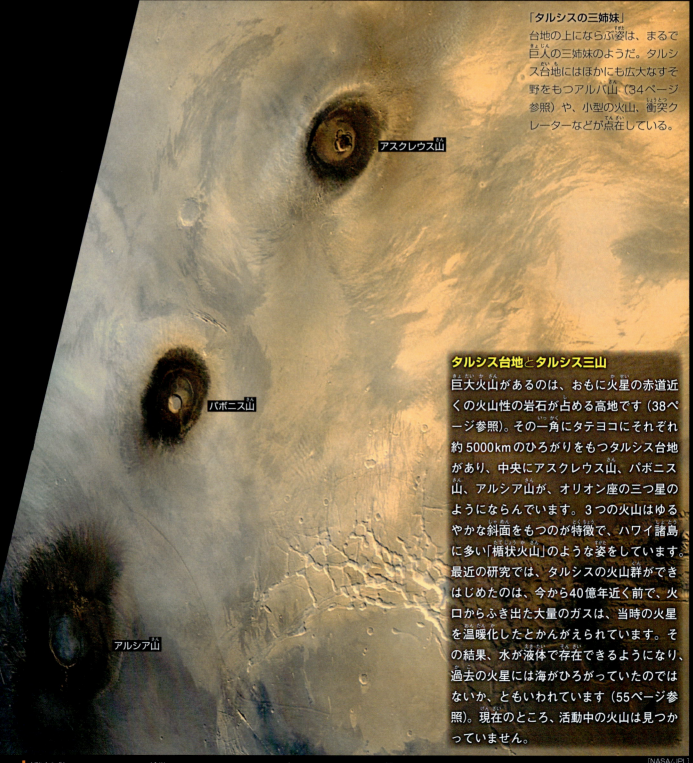

「タルシスの三姉妹」
台地の上にならぶ姿は、まるで巨人の三姉妹のようだ。タルシス台地にはほかにも広大なすそ野をもつアルバ山（34ページ参照）や、小型の火山、衝突クレーターなどが点在している。

タルシス台地とタルシス三山
巨大火山があるのは、おもに火星の赤道近くの火山性の岩石が占める高地です（38ページ参照）。その一角にタテヨコにそれぞれ約5000kmのひろがりをもつタルシス台地があり、中央にアスクレウス山、パボニス山、アルシア山が、オリオン座の三つ星のようにならんでいます。3つの火山はゆるやかな斜面をもつのが特徴で、ハワイ諸島に多い「楯状火山」のような姿をしています。最近の研究では、タルシスの火山群ができはじめたのは、今から40億年近く前で、火口からふき出た大量のガスは、当時の火星を温暖化したとかんがえられています。その結果、水が液体で存在できるようになり、過去の火星には海がひろがっていたのではないか、ともいわれています（55ページ参照）。現在のところ、活動中の火山は見つかっていません。

[NASA/JPL]

楯状火山……ねばりけの弱い溶岩が流れ出て、古い西洋の盾を伏せたようになだらかな姿になった火山。
ハワイ諸島のマウナ・ケア山などが有名。

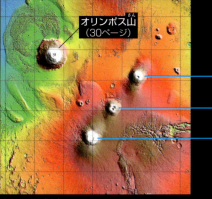

タルシス台地の火山の周辺
探査機が火星表面に赤外線レーザーをあてて得たデータをもとにつくられた地図の一部（34ページ参照）。地面の高低差が強調されている。

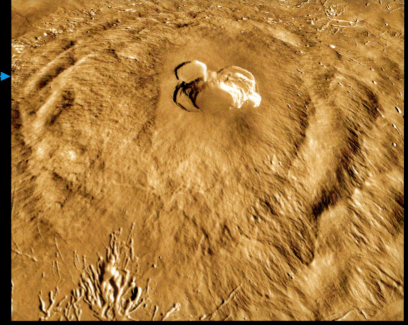

アスクレウス山
タルシス三山のうちもっとも北にあり、高さは約1万8100m、すそ野のひろがりの幅は約450km。名前は古代ギリシャの詩人ヘシオドスのうまれたアスクラ村に由来する。山頂のカルデラは複雑な形をしている。[NASA/JPL]

アルシア山
タルシス三山のいちばん南の火山で、高さは約2万m、すそ野のひろがりの幅は約435km。5000万年くらい前まで火山活動していたのではないかとかんがえられている。すそ野に奇妙な穴（溶岩洞）が見つかっている（58ページ参照）。下の写真は山頂にある直径約110kmの大カルデラ。[NASA/JPL]

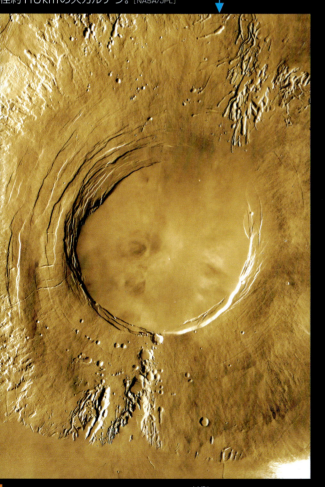

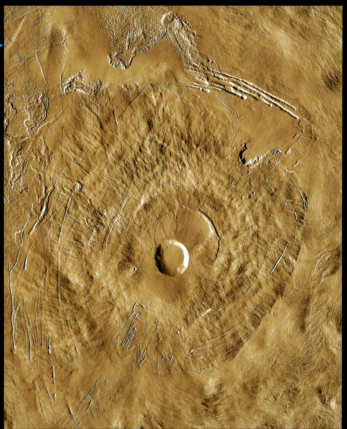

パボニス山
タルシス三山のまん中にあり、三山ではもっとも小さい。高さは約1万4000m、すそ野のひろがりの幅は約375km。名前はクジャクを意味するラテン語「パヴォー」に由来している。この火山のすそ野にも溶岩洞が見つかっている（58ページ参照）。[NASA/JPL]

カルデラ……火山の一部、あるいは大部分が陥没して、円形のくぼ地になった火山地形。日本では阿蘇山や箱根山などが有名。

巨大火山を見る ②

Volcano of Mars

太陽系最大の火山──オリンポス山

タルシス三山のすぐ西にあり、どの火山よりも巨大で強く目を引くのがオリンポス山です。高さは約2万5000m、すそ野のひろがりの幅は約550km、これは東京と大阪の間の距離以上の大きさです。また全体積は、地球上で最大級の火山の50倍以上あるともいわれています。火星にこのような巨大火山が多いのはなぜでしょう。理由のひとつとして、火星では地形の変化が地球よりもはるかにゆっくりであったことがあげられます。火山の地下のマグマだまりからあがってきた溶岩は、噴火によってひたすらおなじ場所に数億から数十億年かけてつみあげられました。地球ではそんなに長寿の火山はありません。オリンポス山は活動をはじめてから40億年近くおなじ場所にありつづけているとかんがえられています。

ななめ上空から見たオリンポス山　[NASA/JPL]

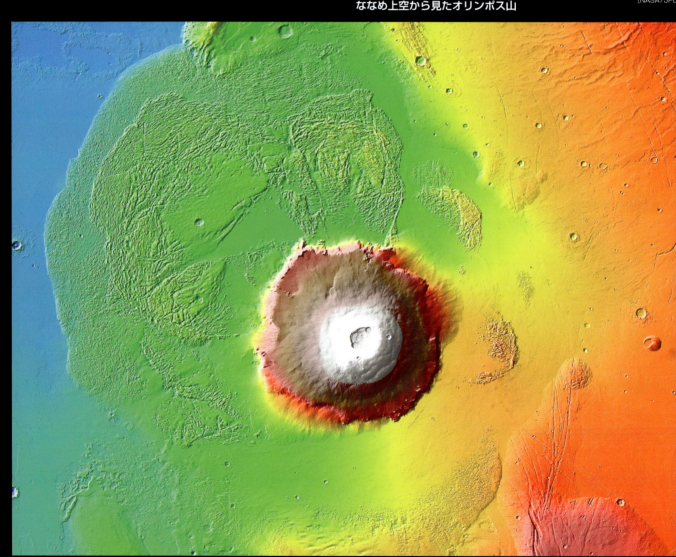

探査機のデータからつくられたオリンポス山と周辺の画像
低い方から高い方に向けて青、緑、黄、赤、茶、白の順で表してある。
火山から周辺の溶岩台地にかけておきた地滑りのようす（火山の左上）がよくわかる。 [NASA/JPL]

地球では地下のマントル（26ページ参照）の運動によって、地球表面の地殻（プレート）が移動する地殻変動がつねにおきている。
近年、火星でも地球ほどはげしくはないものの火星の地震である「火震」があり、プレートの運動のような現象がおきていたことがわかってきた。

[NASA/JPL]

真上から撮影したオリンポス山
火山の周辺は、約5000mの崖になっている。
偉容を誇る大火山の名は、ギリシャ神話に登場する神々が住む山にちなんでつけられた。
この写真はNASAの探査機バイキング1号が撮影。

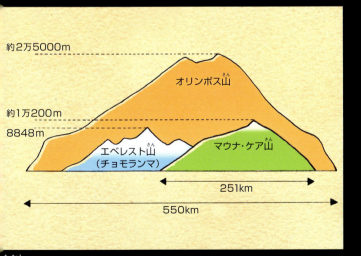

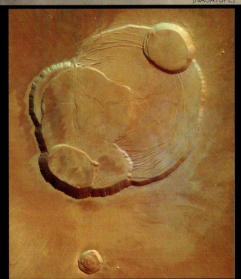

[ESA]

火口のようす
火口は噴火のあとにできた6つのカルデラ（29ページ参照）でできている。
長径（もっとも長いところ）が80km、
できたのは2億年〜1億年前らしい。

地球上の火山とくらべる
地球の最高峰と比較したオリンポス山。ハワイのマウナ・ケア山は、
標高（海面）約4200mだが、すそ野にあたる海底から見ると、
エベレスト山（チョモランマ）よりも高い。

地球でいう標高は、平均海水面からの高さで表す。海のない火星では地球の海水面に相当する「標準面」を設定し、
その面からの高さで標高を表す。この本のオリンポス山やほかの火山の標高も標準面からの高さをしめしている。

Canyon of Mars

火星の峡谷を見る

火星表面にあいた大きな傷口のように見えるのがマリネリス峡谷です。
この峡谷は水の作用でできたのではありません。
一方、火星には過去に水の流れがつくり出したいくつもの峡谷もあります。

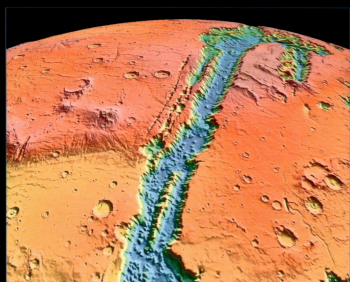

断層が峡谷をつくった

マリネリス峡谷の全長は約4000km、これは北アメリカ大陸を横断する距離とほぼおなじです。谷の最大幅は約600km、谷の崖は深いところで7000mもあります。アメリカのグランドキャニオンよりもはるかに広大なこの峡谷は、じつはグランドキャニオンのように川の水にけずられてできた地形ではありません。谷では大規模な地滑りや地面のずれなどが見つかっていることから、火星表面におきた地殻の動きがつくりだした、巨大な断層に似た地形とかんがえられています。

◀東側から見たマリネリス峡谷の3D画像
データをもとに立体的に再現された画像

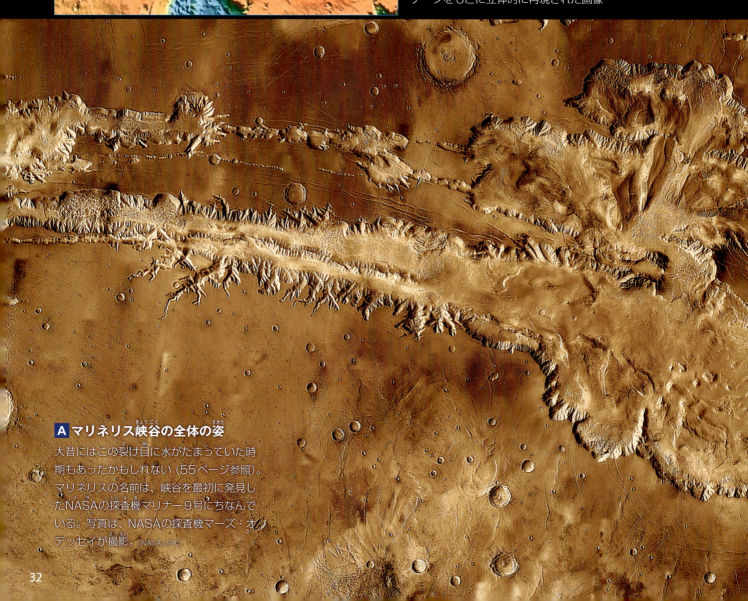

A マリネリス峡谷の全体の姿
大昔にはこの裂け目に水がたまっていた時期もあったかもしれない（55ページ参照）。マリネリスの名前は、峡谷を最初に発見したNASAの探査機マリナー9号にちなんでいる。写真は、NASAの探査機マーズ・オデッセイが撮影。（NASA/JPL）

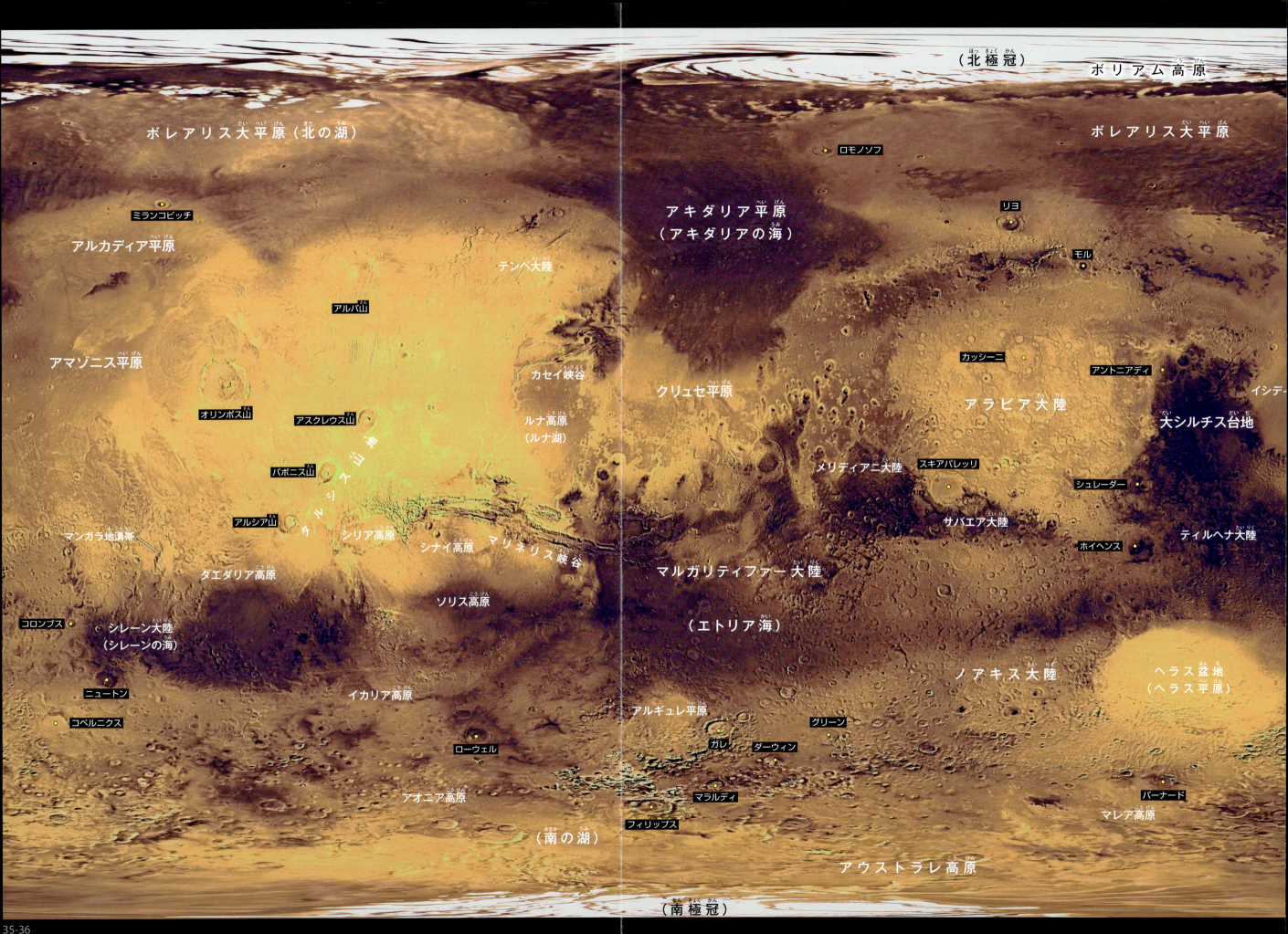

火星の素顔を知る ①

B カセイ峡谷の姿

右上の写真は、探査機マーズ・エクスプレスが撮影した。右下は、同じ地域の探査機のデータをもとに立体的に再現された画像。

洪水が峡谷をつくった

タルシス台地に火山活動があった時期に、火山の熱が地下の氷をとかしてくりかえし洪水をおこし、水がカセイ峡谷一帯を流れたことで、現在のような地形がかたちづくられました。カセイという名前は日本語の「火星」に由来しています。（タルシス台地と峡谷のつながりのようすは、34ページの図を参照）

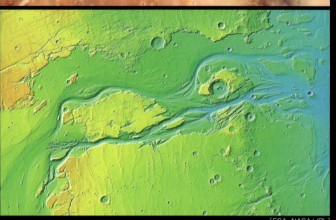
[ESA, NASA/JPL]

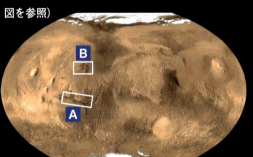

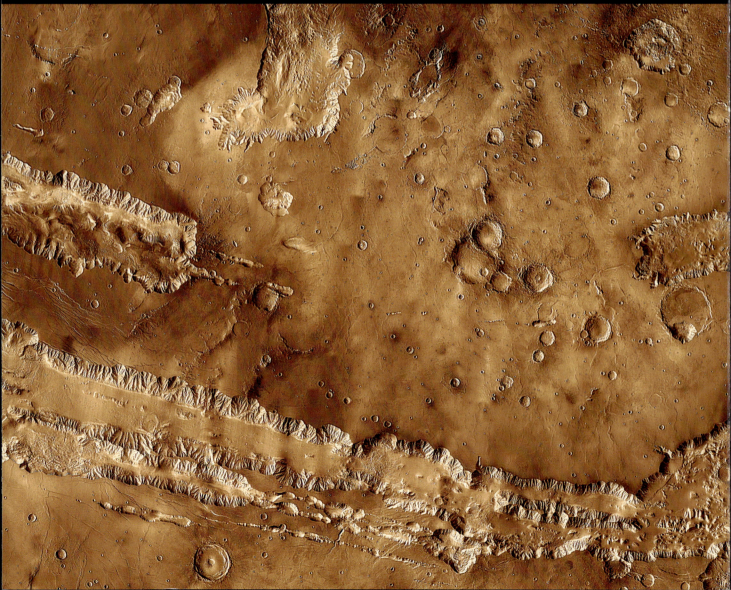

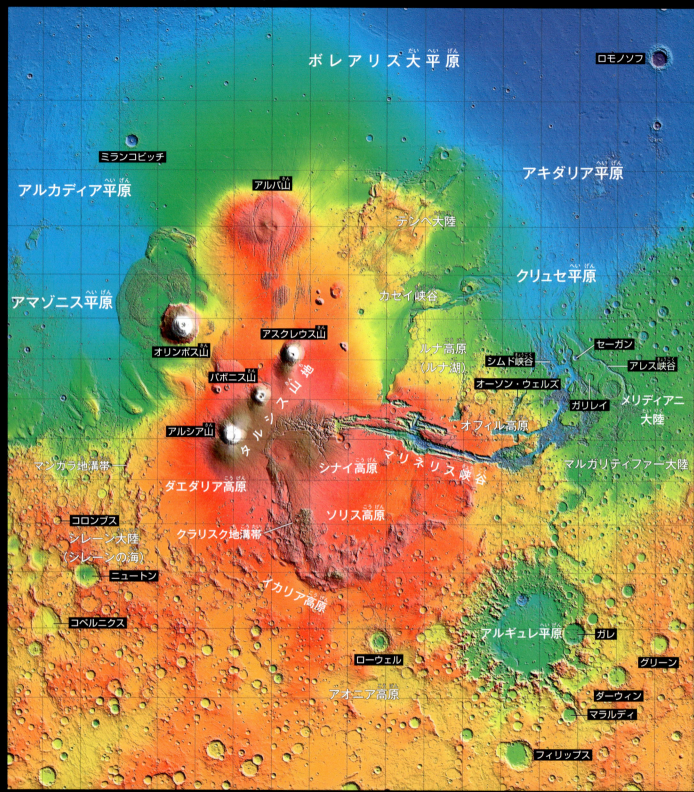

火星を訪れた歴代の探査機たちは、地形を調査し地図をつくり上げました。地図は観測や探査の技術の進歩とともにより詳しくなり、それまで謎であった地形の正体も明らかになりました。かつて中緯度にもあった氷河のあと、数々のクレーター、大地がさけてできた巨大な峡谷などは、火星のダイナミックな歴史を物語るものです。

火星の素顔を知る 2

The real face of Mars

北と南でちがう火星の地形

火星の地形は、北半球と南半球で特徴が大きく異なっています。北半球では溶岩が流れた大平原が広がっているのに対し、南半球はごつごつした高地がしめていて、衝突クレーターや火山、峡谷などがたくさん見られます。表面の色や明るさは必ずしも地形の特徴をあらわしているとはいえませんが、一般的に暗い部分は玄武岩のような岩石が多く、明るいところは砂におおわれた場所が多いようです。暗い部分は、古くは海とかんがえられていたので、「チュレニーの海」「シレーンの海」などと名づけられた地域もあります。暗い部分でもっとも目立つ「大シルチス台地」は、イタリアの天文学者スキアパレッリ（9ページ参照）によって名づけられました。

火星の展開画像

1975年に打ち上げられた探査機バイキング1号と2号（NASA）の軌道船によって撮影された写真をもとにつくられた。部分的に撮影したものを合成してある。2機の探査機がもたらしたデータで、その後の火星の研究は飛躍的にすすんだ。

（実際には球形の火星を赤道を横軸にしてひらいて画像化してあるので、南北の極地に近いほど画像が引きのばされている）

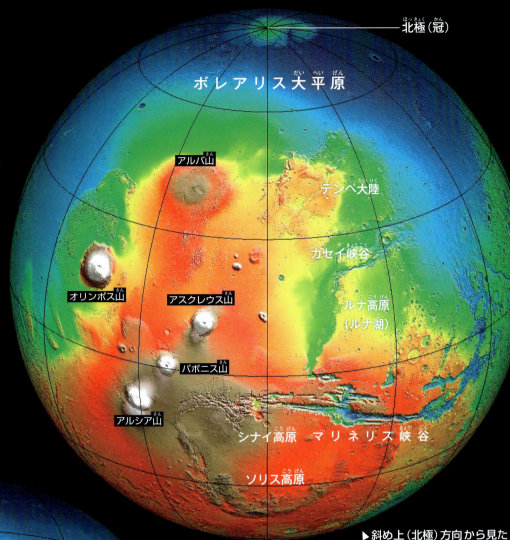

▶ 斜め上（北極）方向から見た火星の半球

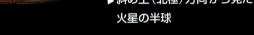

[NASA/JPL]

球形の標高地図

34、39ページと同じくNASAの探査機マーズ・グローバル・サーベイヤー（MGS）のデータからつくられた球形の火星の標高地図。平原がひろがる北半球と、高地でうまる南半球の特徴がよくあらわれている。南半球でひときわ目立つ低地のヘラス平原は巨大な隕石が衝突した跡だ（42ページ参照）。

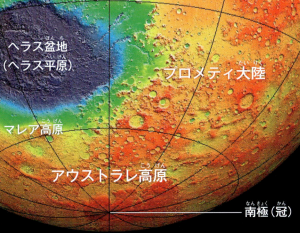

▼ 斜め下（南極）方向から見た火星の半球

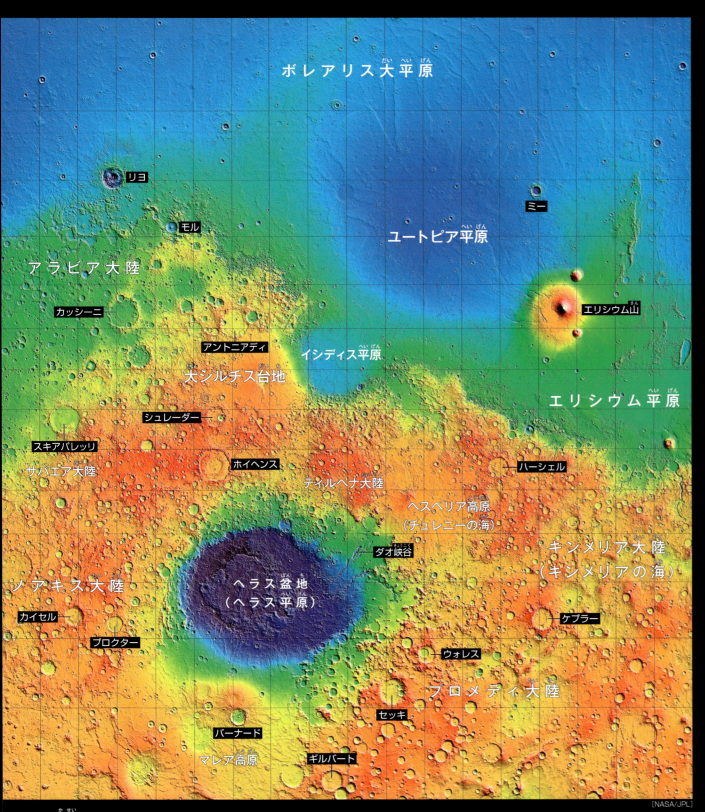

低い　高い

火星の地形図
1996年にNASA（アメリカ航空宇宙局）が打ち上げたマーズ・グローバル・サーベイヤー（MGS）がつくった火星表面の標高をしめす地図。火星上空から、表面に向けてレーザーを照射しながら軌道をまわり、ほぼすべての地形のデータをとってつくりあげた。低い方から高い方に向けて青、緑、黄、赤、茶、白の順で表してある。地形の特徴によって、地球とおなじように大陸、高地、平原、峡谷などとよばれる地域がある。大きめのクレーターには、歴代の天文学者をはじめ、有名人の名前がつけられている。あのオーソン・ウェルズ（14ページ参照）の名前のついたクレーターもあるのでさがしてみよう。
（小さな黒帯の地名のうち、山と峡谷以外は、すべてクレーター名）

Martian crater

クレーターを見る❶

火星や月などの表面に無数にある、
大小の円形のくぼ地をクレーターといいます。
ほとんどは、外からやってきた小天体が衝突してできた
「衝突クレーター」です。

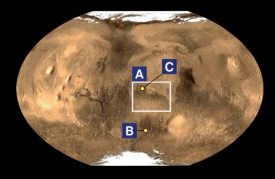

はげしい天体衝突の時期があった
今からおよそ41億～38億年前、火星や月、金星、水星などに大量の小天体が隕石としてふりそそぎ、表面にたくさんのクレーターをきざんだ時期がありました。それを「後期重爆撃期」といいます。現在、火星に残されているクレーターの多くも、この時期にできたものです。じつは地球にもおなじことがおこりましたが、地表の変化のはげしい地球では、古い時代のクレーターはほとんど残りませんでした。火星でクレーターが集中しているのは、南半球を占める高地です。一方、北半球にほとんどクレーターがないのは、後期重爆撃期のある時期に、その一帯の地形をすべて変えてしまうほどの大きな天体衝突がおきたためという説があります。

スキアパレッリ・クレーター

A　クレーターの多い高地
メリディアニ大陸とよばれる一帯とその南側の地域で、たくさんのクレーターが見られる（36ページ参照）。クレーターの数が多い地域ほど、古い地形が残っている可能性が高く、地域の年代をしらべるのに役立っている。[NASA/JPL]

「矢の的」のようなクレーター
2つの隕石が、時間をおいてまったくおなじ場所におちてできた可能性もある。しかし、くわしいことはわかっていない。[NASA/JPL]

100m

B　マウンダー・クレーター
直径90km、ノアキス大陸の中央にある。名前は英国の天文学者にちなんでつけられた。[ESA]

ビクトリア・クレーターのパノラマ写真
探査車オポチュニティが撮影。
名前は、16世紀、ポルトガルの海洋探検家マゼランの船の名前「ビクトリア号」に由来する。[NASA/JPL]

ビクトリア・クレーターの全体像

C ビクトリア・クレーター

赤道に近いメリディアニ大陸にある直径750m、深さ70mのクレーター。ギザギザしたへりが特徴で、中には砂丘が見える。NASAの探査車オポチュニティは、クレーターの中に入って約1年間調査をおこなった。矢印の部分にオポチュニティが黒い点としてうつっている。写真はNASAのマーズ・リコネサンス・オービターが撮影。
[NASA/JPL]

砂丘

クレーターを見る ②

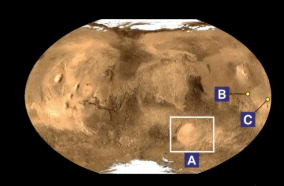

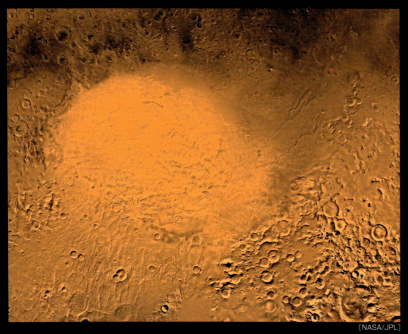

A 太陽系最大のクレーター［ヘラス盆地］

ヘラス盆地は、高地が占める火星の南部にある、黒っぽく見える土地にかこまれた、明るく大きな楕円形の地域。内側の平地はヘラス平原とよばれている。東西の幅は約2300km、平原は周囲より約10kmも下にあり、火星でもっとも低い土地だ。この盆地をつくった隕石は直径450km程の巨大なものだったのではないかとかんがえられている。平原では氷河のような地形も見つかっている。

[NASA/JPL]

できつづけているクレーター

火星では、今も小型の新しいクレーターができています。上空の探査機が以前はなかった場所に新たなクレーターを見つけることもめずらしくありません。直径が3.9mをこえるものは、年間に200くらいできているといわれています。

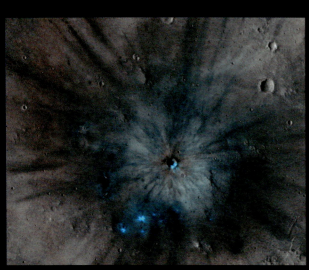

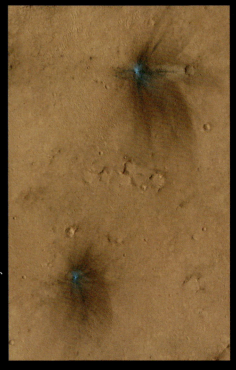

新クレーター

左のクレーターの直径は、わずか8mだが、衝突してとびちった物質は1km先にまでおよんでいる。右は、ならんでできた新しい小型クレーター。どちらもマーズ・リコネサンス・オービター（MRO）が撮影した。
[NASA/JPL]

C ボンネビル・クレーターのパノラマ写真

NASAの探査車スピリットが着陸したグゼフ・クレーターのさらに内側にある小型クレーター。直径約210m。[NASA/JPL]

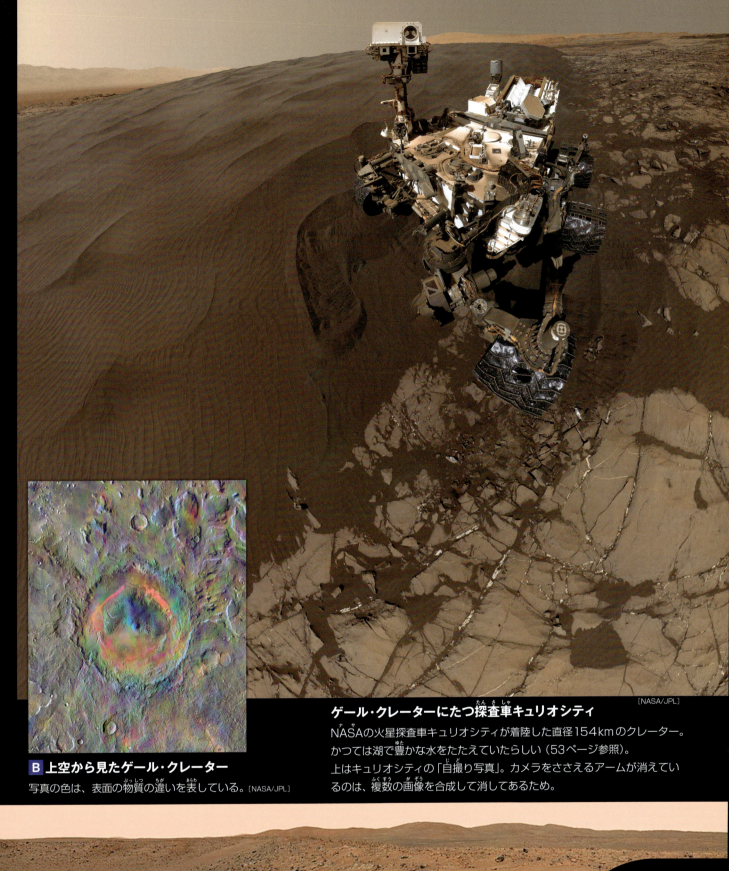

ゲール・クレーターにたつ探査車キュリオシティ

NASAの火星探査車キュリオシティが着陸した直径154kmのクレーター。かつては湖で豊かな水をたたえていたらしい（53ページ参照）。上はキュリオシティの「自撮り写真」。カメラをささえるアームが消えているのは、複数の画像を合成して消してあるため。

[NASA/JPL]

B 上空から見たゲール・クレーター

写真の色は、表面の物質の違いを表している。[NASA/JPL]

Desert and plain

砂丘・平原

火星上空をまわる探査機は火星表面のさまざまな風景を画像として記録しています。
ここでは、幻想的な砂丘の姿、硬い溶岩の台地や岩石のちらばる平原、
さらに歴史的な火星探査機の姿を紹介します。

[NASA/JPL]

A 風がつくる美しい砂のもよう

プロクター・クレーターの中にある砂丘で、中央の丘の高さは100m以上ある。
色が青黒いのは玄武岩が風化してできた砂からできているため。
波のような美しいもよう（風紋）の部分には、表面により細かなちりがつもっていて、明るく見える。

砂丘を見る

砂は火星表面の土壌ではごくありふれた存在です。
火星上にふく風でまい上がった砂は、クレーターの中や、平原や、高地のあつまりやすい場所にはこばれ、砂丘をつくっています。砂丘の姿には、砂の性質や、風がふいた方向などが記録されています。また、活発に姿を変えているものと、長い間変化していないものが観察されています。

[NASA/JPL]

砂丘の砂のできるところ

火星の南部高地と北部低地の境近くにある、砂丘の砂のうまれる場所のひとつとかんがえられる崖。青黒い崖がくずれて砂ができているようすがわかる。
風にとばされた砂は、砂どうしがぶつかりながら、さらに細かな粒になり、砂丘をつくる材料になる。

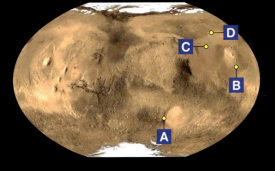

平原を見る

複雑な南半球の地形にくらべて、北部では凹凸の少ない平原がひろがっています。特徴としては、泥や岩だらけの風景が多く、ほかには点在するクレーターと、ところどころに火山があるくらいです。

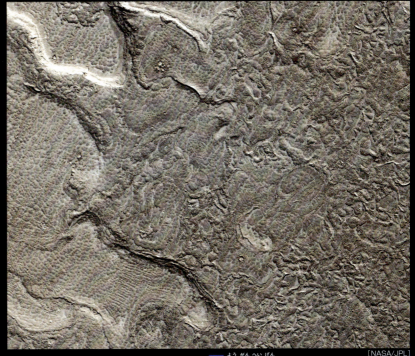

B 溶岩平原

北半球の大火山エリシウム山近くの溶岩の台地。周辺にクレーターのあとがほとんどないことから、この溶岩が流れたのは、地質学的にはごく最近（数百万年前）のこととかんがえられている。

C 岩だらけの風景

画像はユートピア平原のキドナス・ルペスとよばれる地域で、直径が数mある岩石がたくさんころがっているようすがわかる。薄い環のもようは、古いクレーターのあと。探査機の着陸地としては、あまり向いているとはいえない場所だ。画像の範囲は左右約1km。

見つけた！ 着陸船

1976年9月3日、NASAの火星探査機バイキング2号の着陸船が、ユートピア平原に着陸しました。約30年後、マーズ・リコネサンス・オービター（MRO）は、上空から平原の中にぽつりとたつ火星探査の「大先輩」の姿をカメラでとらえました。この一帯の地下には水の氷があるとかんがえられています。

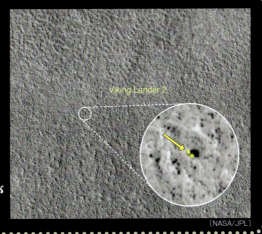

D 円の中央、矢印の先にあるのがバイキング2号着陸船

Polar of Mars
火星の極地へ

火星の北極と南極には、地球にあるような極冠（水などがこおった白い部分）があります。火星の極冠は、望遠鏡で見ても白く目立っています。

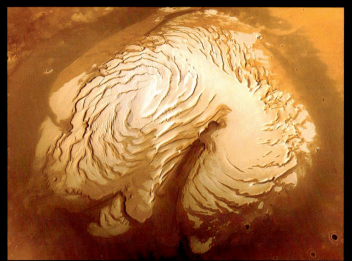
[NASA/JPL]

北極冠
北極冠では、夏の季節にはドライアイスの層はほとんど消えてしまい、水の氷の層があらわれる（49ページ参照）。火星に雲をつくり霜をふらす、水蒸気の供給源になっている。

北極冠と南極冠
火星には気候の変化があり（49ページ参照）、南北の極冠はどちらも夏の季節には小さくなります。しかし、完全に消えてしまうことはありません。北極冠の大きさは直径が約1000km、日本の面積の約2倍、南極冠の方は小さく直径400kmくらいです。極冠の下には地下深くまでちりと、水の氷でできた凍土の層があるといわれ、その上にドライアイス（二酸化炭素の氷）の層がおおい、季節ごとに厚さとひろがりを変えているのです。火星の表面の平均気温は−55℃くらい、極地ではドライアイスができる−125℃以下まで下がります。

もとの北極冠

北極圏におきた砂嵐

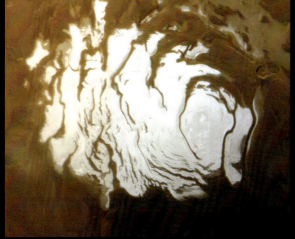

南極冠
北極冠よりも寒く、ドライアイスの層の厚みは10mくらいになる。あたたかい季節でもドライアイスが完全になくなることはないので、下の水の氷が蒸発することはほとんどない。

南極冠

ドライアイスの層

[NASA/JPL]

南極付近の「間欠泉」
春に極冠のまわりの氷の層にあらわれる「スターバースト（星の爆発）」や「スパイダー（クモ）」とよばれる現象。地下にたまった二酸化炭素が、ちりといっしょに間欠泉のようにくりかえしふき出して、もようをつくっているとかんがえられている。画像の範囲は左右約1km。

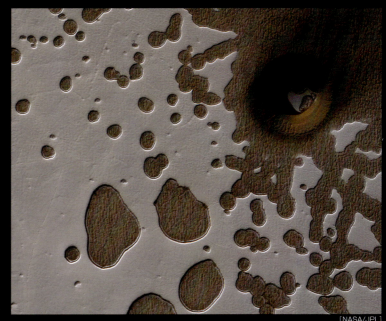

[NASA/JPL]

スイスの「チーズ」？
南極冠の周辺を上空から撮影したところ。一部がとけてしまったドライアイスの層が、穴のあいたチーズのように見える。右上に見えるのは、衝突クレーターか、またはくずれ落ちた穴かもしれない。

ドライアイスにおおわれた北極地方
2002年にNASAの探査機マーズ・グローバル・サーベイヤー（MGS）が撮影した北極周辺。火星の春あさいころのようすで、ドライアイスの層がまだ大きくひろがっている。近くでおきている砂嵐のようすも見える。

[NASA/JPL]

火星の大気 ①

火星は、うすいながら大気の衣をまとっています。
季節変化もあるので、火星表面では周期的にさまざまな気象現象がおきます。

火星の大気の特徴

火星の大気圧は、地球の100分の1くらい、しかも成分は約95％が二酸化炭素なので、当然、人間は呼吸できず宇宙服などを着なければいきていられません。しかし、うすい大気ながら、火星では風がふき、雲がうかび、砂嵐が舞います。極地ではドライアイスの雪がふり、霜もおります。また、火星の空は、地球のような青色ではなく、ピンクやオレンジ色をしています。これは火星表面の赤っぽい色をしたちりが風にまきあげられて大気中をただよっているためです。ちりがおちてこないのは、大きさが1000分の1mmとたいへん小さいうえ、ちりを「洗いおとす」雨や雪が地球のように大量にはふらないためです。

隕石など 100～120km

熱圏

中間圏

二酸化炭素の氷の雲
高度50～80km付近にできる。大気はうすく気温は−190℃くらいしかない。

水の氷の雲
地表からはこばれたちりや水蒸気によって高度20km付近にできる。

ダスト・ストーム
地表のちりや砂がまきあがっておきる砂嵐。（51ページ参照）

約30km

対流圏

峡谷　火星の地表　高地　北部の平原　クレーター

[参考資料："MARS: The Ultimate Guide to the Red Planet" by Giles Sparrow]

火星の青い夕暮れ
火星の大気中には鉄さびをふくむ小さなちりが舞っている。青く見えるのは、このちりが夕暮れの太陽光線の内、とくに青い光を通しやすい性質をもっているためとかんがえられている。探査車キュリオシティが撮影した。
[NASA/JPL]

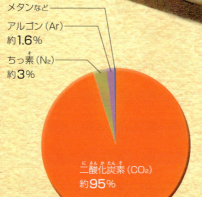

ほか酸素、水、メタンなど
アルゴン（Ar）約1.6％
ちっ素（N₂）約3％
二酸化炭素（CO₂）約95％

大気の主な成分

大気の構造と成分
火星の地表から上にむかって30kmくらいまでを「対流圏」といい、比較的あたたかい。高度100～120kmくらいまでの「中間圏」はかなり低温で、その上に、大気の密度は低いが、高温の「熱圏」がある。宇宙空間からとびこんだ隕石などは、ほとんどが熱圏でもえつきる。大気の成分の内訳は、左のグラフの通り。

火星で風がおこる理由は地球とほぼおなじ。1. 太陽からうける熱の量に地域差があるため熱の移動が生じ、それが空気の流れ、つまり風になる。
2. 火星の自転によって、大気（地球では海流も）の流れの方向を変える力（コリオリ力）がはたらく、など。

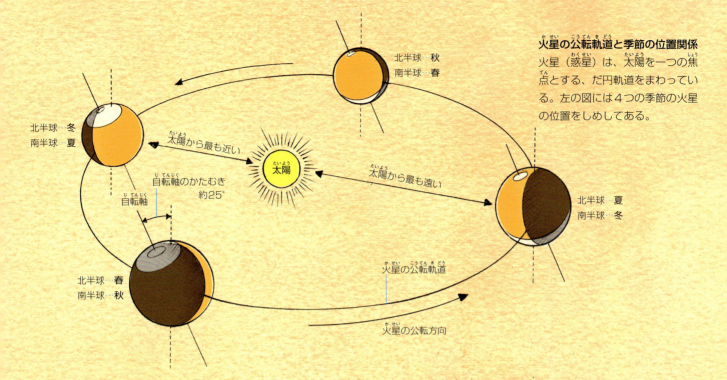

火星の公転軌道と季節の位置関係
火星（惑星）は、太陽を一つの焦点とする、だ円軌道をまわっている。左の図には4つの季節の火星の位置をしめしてある。

火星にも季節の変化がある

火星は約25°かたむいた自転軸が、つねにおなじ方向を指したままで公転軌道（太陽をまわる軌道）をまわっています。このため火星が軌道上で移動すると、火星表面のおなじ場所でも太陽からうける熱量に変化が生じます。これが季節がうまれる理由です。しかも、火星の軌道は、地球にくらべてつぶれた楕円形のため、季節の長さが均一ではなくなります。また、北半球では真夏のころに、火星は太陽からもっとも遠ざかり、真冬のころに太陽に近づくため、季節変化はゆるやかです。しかし反対側の南半球では季節の差が極端です。

北極冠の季節変化
左は冬の終わりの北極冠のようすを真上から見たところで、ひろい範囲がドライアイスにおおわれている。右は、おなじ場所の夏のようす。ドライアイスは気体の二酸化炭素になって大気中にもどる。

北半球の冬

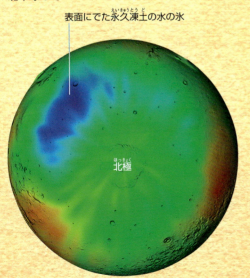

表面にでた永久凍土の水の氷

北半球の夏

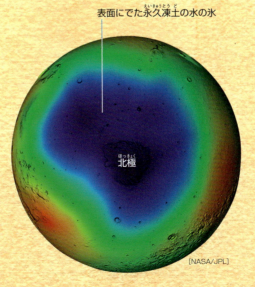

表面にでた永久凍土の水の氷

北極周辺の水の氷（永久凍土）の分布をしめした図。夏（右）は表面のドライアイスの層がへるので、冬（左）に比べて広い範囲で露出している。探査機マーズ・オデッセイのデータからつくられた。

Atmosphere

火星の大気 2

火星の空には雲が浮かび、地上ではときおりつむじ風がおこり、
さらに火星全体をおおうような砂嵐も吹き荒れます。
これらはみな、火星に大気がある確かな証拠です。

オレンジ色の空と淡く白い雲
NASAの探査車オポチュニティがビクトリア・クレーターの中から撮影した雲。大気の濃さや、大気中のちりの大きさが異なるため、空が地球とは違う色に見えている。

[NASA/JPL]

火星の雲の正体

火星では、いまも水の循環があるかもしれません。気温があがると、地上の氷やドライアイス（二酸化炭素の氷）が蒸発し、大気中で雲をつくります。気温が下がるとふたたび、氷とドライアイスの霜になって地上をおおっているとかんがえられています。

火星表面をさまよう「ダスト・デビル」

地上からうずまき状にたち上る突風（つむじ風）をダスト・デビルといいます。小さな規模のものから、竜巻よりも大きなものまでさまざまで、大きなものはそのままダスト・ストームとよばれる砂嵐へと発達するときもあります。ダスト・ストームは時には、火星全体をおおってしまいます。

上空から見たダスト・デビル
直径は数十mから数百m、高さは20km以上になることもあり、火星表面のいたるところで観察されている。風速は秒速数十mにもなる。左の写真の黒いスジは、ダスト・デビルが砂の上を通ったあと。[NASA/JPL]

火星全体が赤く見えるのは、砂嵐が鉄の酸化物（鉄さび）をふくんだちりや砂を火星全体にはこんで火星の表面をおおったからだ。

火星をおおう大砂嵐(ダスト・ストーム)

砂嵐がとくに多いのは、火星の南半球が夏になる季節です。大気があたたまるにつれて風が発生し、ちりや砂がまき上がるようになるからです。まき上げられたちりや砂は低い気圧と重力のため、大気中に長い間とどまり、遠くまではこばれます。風速は時速150km以上になり、大きな砂嵐は、火星を数週間、赤くおおいつづけることもあります。

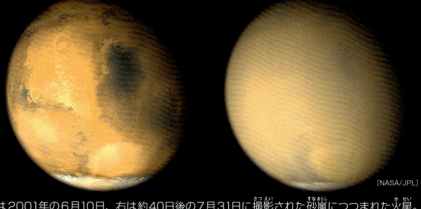
[NASA/JPL]

左は2001年の6月10日、右は約40日後の7月31日に撮影された砂嵐につつまれた火星。

探査機が上空から撮影したダスト・ストーム
中央のオレンジ色に見えるダスト・ストームが火星のユートピア平原をおおっている。画像の右上が北極冠の周辺、左下には水の氷でできた白い雲が平原の上を横切ろうとしている。
[NASA/JPL]

火星の地表から
ダスト・ストームを見る
探査車キュリオシティが撮影したダスト・ストームの最中のゲール・クレーター。もやが日を追って変化するようすがとらえられた。
[NASA/JPL]

火星の大気圧は地球の100分の1くらいしかないので、砂嵐の威力も地球上でかんがえるほど大きくはない。このため火星上の探査車も大きなダメージをうけることは少ないといわれている。

火星の水 ①

過去の火星に、大量の水があったことを示す証拠は、
初期の火星探査のころから見つかっていました。
現在では、火星の地下には大量の氷がねむり、
液体の水もあることがわかってきました。

水がつくり出した地形

現在、ほとんどの研究者たちは、過去の火星に
大量の水があったことをうたがってはいません。
軌道上から火星表面を観察する探査機や、火星
上ではたらきつづけている探査車が、
水の存在につながる数々の証拠を
もたらしてくれているからです。

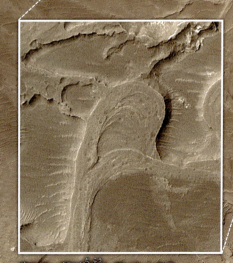

流れの一部が蛇行していたところ
水は洪水がおこった一時だけでなく、
かなり長い期間にわたって流れていたらしい。

火星のデルタ（三角州）？
マリネリス峡谷の東のマルガリティファー大陸（34ページ参照）にある無名のクレーター内のようすで、地球上でも見られるような、はげしい洪水のあととかんがえられる地形。画像の範囲は左右約14km。NASAのマーズ・グローバル・サーベイヤー（MGS）が2003年ごろに発見した。[NASA/JPL]

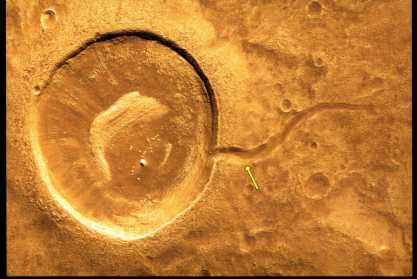

クレーターからあふれ出した水？
2011年にマーズ・リコネサンス・オービター（MRO）がとらえた画像で、右側が北の方向。水をたたえていたクレーターからあふれ出た水が、川（矢印）をつくったように見える。

地面の下の氷
NASAの探査機フェニックスが、ロボット・アームで地面をほると、水の氷とおもわれるものがあらわれた（左の右上、影の部分）。4日後には消えてしまった（右の右上）。

堆積岩を発見
NASAの探査車キュリオシティは、ゲール・クレーター（43ページ参照）の中にあるイエローナイフ湾という浅い盆地を調査した。右の画像には、水の作用でしかできない砂岩や泥岩などがうつっている。およそ16億年前にはこの一帯が湖で、少なくとも数万年にわたって水をたたえていたとかんがえられている。

ゲール・クレーターが湖だったころの想像図

謎の球体
NASAの探査車オポチュニティが発見した、地表に散らばる小さな球形の鉱物の粒。穴の多い岩石の間を水が流れてできたといわれている。

火星の「ブルーベリー」？
球体はブルーベリーとよばれている。水があった証拠ではなく、数センチの小さな隕石が衝突し、破裂してできたという研究者もいる。粒の大きさは4〜6.2mm。

火星の水 ❷

水は現在もある

液体の水は、大気がないところでは、すぐに蒸発してうしなわれてしまいます。火星でも過去のある時期に、大気がうすくなったことで、大気にさらされた水の多くは蒸発して宇宙空間へとにげ出してしまいました。ですから、現在の火星には、過去のように大量の水はありません。しかし、残った水が、地下に氷や液体として存在しているとかんがえられています。

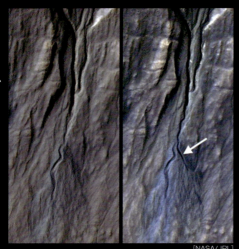

変化するガリー
おなじ場所を、3年後に観察した画像。右の矢印の場所にガリーの分岐が見える。

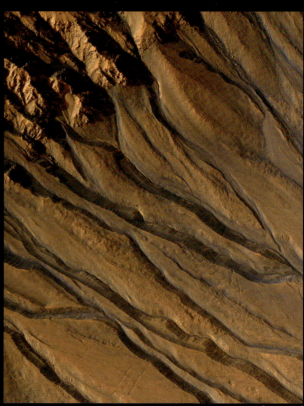

「ガリー」の観察
ガリー（小峡谷）とは、クレーターなどの内側の崖にある地形のことで、そこでは、液体の水が時おり地表にあらわれているとかんがえられる現象も観察されている。上の画像は、クレーターのふちの崖の斜面にできたガリーで、水の流れによってできたとかんがえられている。

火星の水のありかをさぐる

「ガンマ線分光計」という特殊な計測器で、水の成分のひとつである水素の分布をしらべて、火星全体の水の分布を推測した地図です。こい青から紫にかけての部分がいちばん多く、茶色がもっとも少ない地域です。地図の上下の極地の一帯には地下に大量の水（氷）がひそんでいることがわかります。厚さは何百mもあるかもしれません。

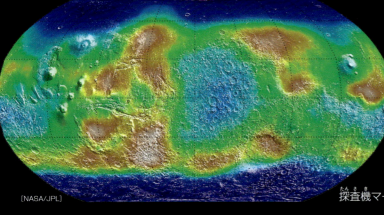

探査機マーズ・オデッセイがつくった、火星の水の分布地図

太古の海のあと？

2018年7月のことです。ESA（欧州宇宙機関）の探査機マーズ・エクスプレスが、レーダー観測であつめたデータを分析していた研究者たちは、火星の南極周辺の地下に、塩水の湖が存在する可能性があると発表しました。もし事実であれば、そこには細菌のような生命がいるかもしれません。また、将来、人類が火星をおとずれるときに、この水はおおいに役立つことでしょう。

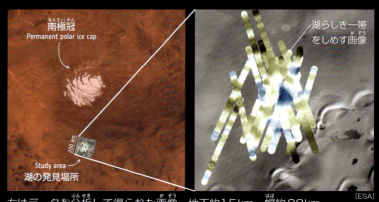

右はデータを分析して得られた画像。地下約1.5km、幅約20km。

火星の誕生から現在まで

❷ 太陽に近いところで、微惑星が衝突をくりかえして大きくなり、火星ができた。まだ、火の玉のようだった。

❶ およそ50億年前、宇宙空間にあつまったガスやちりから原始太陽系円盤ができ、中心に原始太陽がうまれた。その後、原始太陽のまわりには、惑星の材料になるちりがあつまった無数の微惑星ができた。

微惑星の衝突

❸ 先ノアキス紀に火山活動がはじまり、大気の層ができ、火星上には大雨がふり、海ができはじめた。

火星の歴史――海の誕生と消滅

火星は、地球とおなじように約46億年前に誕生しました。はじめ火の玉のようだった火星も、やがて表面が冷えると、大気の層ができ、火星の北部には大きな海が誕生しました。地球に海があらわれたのもおなじころです。海はノアキス紀の間は水をたたえていましたが、ヘスペリア紀になり、大気がうすくなりはじめると、海の水は蒸発し、のこりは地下にもぐりました。その後、火山活動などで地下の氷がとけると、くりかえし大洪水がおこり、火星表面の地形を変えました。洪水のあとは現在も火星表面のあちらこちらにきざまれています。

火星の地質年代は、大きく3つにわけられています。もっとも古い41億年前からのノアキス紀、38〜37億年前からはじまるヘスペリア紀、30億年前からのアマゾン紀です。ノアキス紀より前は、先ノアキス紀とよばれています。

❹ 海がひろがり、ノアキス紀には「後期重爆撃期」(40ページ参照) がはじまり、高地にたくさんのクレーターができた。

❺ ヘスペリア紀には火山活動が活発になった。つづくアマゾン紀になると、海も姿を消していった。

❻ 現在、火星は大気がうすく、気温が低い乾燥した天体になった。

火星が大気をうしなった理由については、強い太陽風 (太陽からふき出る電気をおびた粒子の風) によってふきとばされたという説や、天体の衝突が大気をふきとばしたという説などがある。

Two satellites
2つの小さな衛星

火星は、フォボスとデイモス（ダイモス）という2つの小さな月（衛星）をもっています。名前はギリシャ神話で火星を表す軍神アーレス（4ページ参照）の2人の息子にちなんでつけられました。どちらも1877年、アメリカの天文学者アサフ・ホール（1829〜1907）によって発見されました。

奇妙な2つの衛星

2つの衛星の大きさは、フォボスが長径（最も長い部分の長さ）約27km、デイモスは約16kmしかなく、直径が約3500kmある地球の月にくらべると、非常に小さな天体です。しかも、姿も球形ではなく、まるで「ジャガイモ」のようです。この特徴が小惑星に似ていることから、長年、2つの衛星は火星に近づいた小惑星が火星の引力にとらえられたものなのではないかとかんがえられてきました。しかし、近年では、過去、火星にほかの天体が衝突したときの、火星表面からとび出した岩石をその起源とする説が有力になってきました。

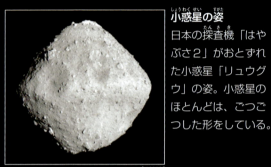

小惑星の姿
日本の探査機「はやぶさ2」がおとずれた小惑星「リュウグウ」の姿。小惑星のほとんどは、ごつごつした形をしている。
[JAXA]

デイモスの姿

フォボスにくらべて明るい色でクレーターも少ない。表面全体はレゴリスという、岩石がくだけてできた細かい粉末がおおっている。内部にはすきまがあり、もとはいくつもの岩が集まってできたとかんがえられている。岩石のほかには氷が含まれている。
大きさは16×12×11km。NASAの探査機マーズ・リコネサンス・オービター（MRO）が撮影した。

デイモス
[NASA/JPL]

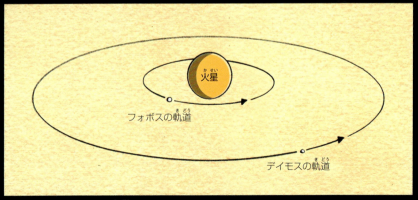

フォボスとデイモスの軌道

フォボスは火星から約9400kmの軌道を約7時間40分でまわっている。一方、デイモスは外側の約2万3500kmの軌道を約30時間でまわっている。自転周期はどちらも公転周期とおなじだ。

2つの衛星の大きさの比較

小惑星は、火星と木星の間の軌道で太陽のまわりをまわっている無数の小天体。大きさは100km以上のものが数百見つかっているものの、ほとんどは数mから数十kmしかない。現在軌道のわかっているものは約80万。

太陽の前を通りすぎるフォボス

火星でも、衛星（月）が太陽面を通過する日食が見られる。火星から見る太陽の大きさは、地球で見る太陽の60％くらいだが、フォボスはそれよりも見かけが小さいので、皆既日食になることはない。

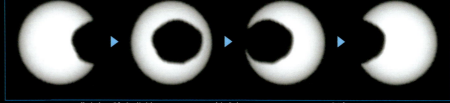

フォボスによる日食。通過時間は約30秒。探査車キュリオシティが撮影した。[NASA/JPL]

フォボス

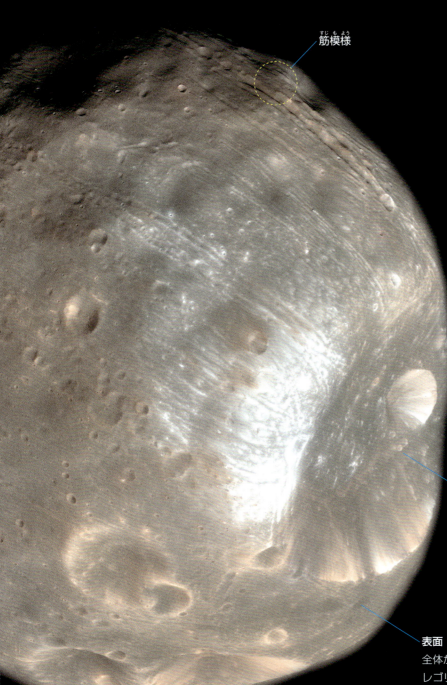

筋模様

フォボスの姿

表面はクレーターと、すりきずのような筋模様が目立っている。フォボスもたくさんの岩石があつまってできていて、表面をレゴリスがおおっている。大きさは27×22×18km。フォボスは、およそ4000万年後には、火星に近づき、こなごなになるか、火星上に落下するかもしれない。写真はMROが2008年に撮影。

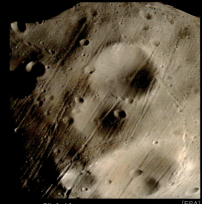

[ESA]

表面の筋模様の正体

一見、接触によるすり傷のように見える筋模様は、火星の引力で潮汐力（引力が表面を引っ張る力）がはたらき、表面のレゴリスの層にひずみが生じてできたらしい。

スティックニー・クレーター

よく目立つ衝突クレーターで、直径約9kmある。スティックニーという名は、フォボスの発見者アサフ・ホールの妻の名前にちなんでつけられた。

表面

全体が厚さ100mくらいのレゴリスでおおわれている。

[NASA/JPL]

フォボスとデイモスは、ギリシャ神話のアーレス神の2人の息子、ポポス（不安の神）とデイモス（恐怖の神）の名前にちなんでいる。

火星観光

Strange topography
火星の奇妙な地形

火星で調査中の探査機は、ときおり奇妙で謎に満ちた画像を地球に送ってきます。
研究者たちは、調査データをもとに、すぐれた「推理力」を発揮して謎の解明にあたっています。

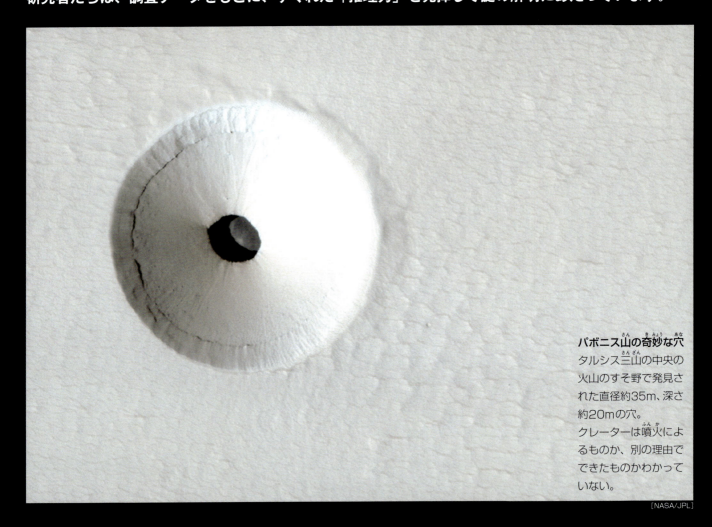

パボニス山の奇妙な穴
タルシス三山の中央の火山のすそ野で発見された直径約35m、深さ約20mの穴。クレーターは噴火によるものか、別の理由でできたものかわかっていない。
[NASA/JPL]

奇妙な穴と溝

火星のあちらこちらで、大地にぽっかりとあいた穴が発見されています。これは、溶岩の流れたあとで「溶岩洞」とよばれています。地表を流れた溶岩は、表面から冷えてかたまるので、最後に中の溶岩が流れたあとには空洞ができます。その天井部分がくずれてこのような穴ができたとかんがえられています。おなじような地形は月でも発見されています。

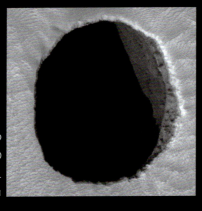

アルシア山の穴
タルシス三山の火山のひとつで見つかった直径約150mの穴。やはり溶岩洞とかんがえられている。
[NASA/JPL]

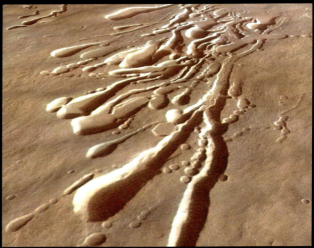

オタマジャクシのような溝の正体は？
パボニス山の南側の斜面にひろがるこの地形も溶岩洞のあととかんがえられている。溶岩が地下を流れてぬけたあと、天井がすっかりくずれてしまったようだ。
[ESA]

「ハッピーフェイス・クレーター」
この満面の笑みをうかべた顔は、バイキング1号によってはじめて発見された。直径約230km。

笑顔とハートマーク

どちらも偶然のいたずらがつくりあげた地形です。「笑顔」の正体は、別名「ハッピーフェイス・クレーター」ともよばれるガレ・クレーター。盆地部分にある小さな2つのクレーターと山のりょう線が笑顔の目と口をつくっています。「ハートマーク」の正体は、くぼ地や台地などさまざまで、たくさん見つかっています。

火星の上のハートマーク
上は、アルバ山という大火山の東にある地溝(断層でできた溝)の中のくぼ地で、横の大きさは約2.3km。左は、もり上がった台地がつくるハートマーク。火星の南極地方にあり、たて方向の大きさが約255m。

「人面岩」の謎とき

1976年、バイキング1号が、火星のシドニア地域の上空を通過したとき、人の顔そっくりの岩を発見しました(写真左)。当時、画像を見た人々からは「人工物ではないか?」、あるいは「古代火星人のつくった遺跡にちがいない」という意見もとび出して、大きな話題となりました。しかし、NASAの下した結論は「影による偶然のいたずらにすぎない」というものでした。およそ20年後、マーズ・グローバル・サーベイヤーがおなじ岩を撮影し、この問題に決着をつけました(写真右)。

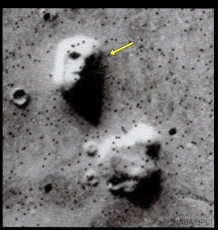

バイキング1号が撮影した「人面岩」

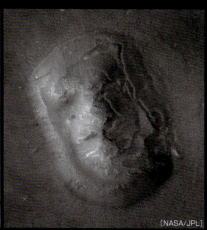

マーズ・グローバル・サーベイヤーが撮影した「人面岩」

火星のものではない岩石を発見!

火星上の探査車がもたらした興味深い成果の中に、隕石の発見があります。光の性質を利用してしらべる「分光計」や「レーザー」をつかった調査では、鉄やニッケルがふくまれていることがわかり、小惑星の一部とかんがえられています。

探査車オポチュニティによって、地球以外の惑星ではじめて発見された隕石。大きさはサッカーボール大。

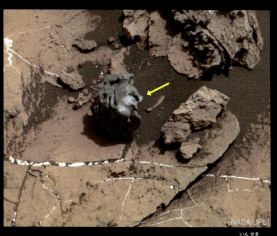

キュリオシティが発見したゴルフボール大の隕石で「エッグロック」と名づけられた。

Life of Mars

火星に生命はいるか？

現在では、火星にパーシバル・ローウェルの思い描いたような「知的な火星人」がいるとかんがえている研究者はいないでしょう。しかし、生命の存在が否定されているわけではありません。探査機による調査結果からは、火星に微生物のような生命がいる可能性がたかまっています。

火星の生命──過去と現在

かつて火星が海におおわれていたころには、地球とおなじように生命が誕生していたかもしれません（55ページ参照）。もしそうなら、その生命は現在は死に絶えてしまったのでしょうか。火星を調査している探査機は、すでに生命と関係したいくつもの証拠をつかんでいます。

大気中には、生命活動で発生する可能性があるメタンが見つかりました。メタンがある理由としてかんがえられるのは、地下の微生物がだしている可能性、または岩石と水との化学反応によるもの、あるいは、地下にためられていたメタンが少しずつだされている場合などです。一方、淡水の湖のあととかんがえられる場所からは、微生物がいきるのに必要なほぼすべての化学成分が見つかっています。これらは、過去に生命がいた可能性をしめす有力な証拠です。残念ながら生命そのものはまだ発見されていません。しかし、研究者たちは、今後発見される可能性の高い場所として、現在も水のあるところ、つまり極地や地下にある大量の水の氷の中、あるいは地下の湖（54ページ参照）などに注目しています。

[NASA/JPL]

バイキングの生命探査
1976年、人類の期待を一身にうけて、NASAのバイキング計画による火星の生命探査がおこなわれた。結果として生命は発見されなかったものの、火星上に川や洪水のあとなどがたくさん見つかり、その後の生命発見への期待につながった。上は、ロボットアームをつかって土を採集するバイキング1号着陸船の想像図。

地球の南極で発見された微生物と火星の生命

火星に生命がいる可能性は、地球上のある発見からも支持されています。地球の南極点や厚い氷床の奥深くからの微生物の発見です。
2013年には氷床の地下800mにあるボストーク湖から、細菌を中心とする数千種類の生物のDNAが発見されました。しかも湖はおよそ1500万年にわたってほかの世界から切りはなされていたのです。
この発見はきわめて過酷な環境でも生命が生きのびることをしめしていて、火星のよく似た場所にも微生物がいる可能性が大きくなったとかんがえられています。

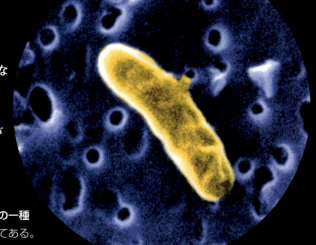

南極点の氷床で見つかった細菌の一種
走査電子顕微鏡写真で色がつけてある。
火星にもおなじような微生物がいるかもしれない。

地球の南極の氷床の地下には、400もの湖が確認されているという。ボストーク湖のほかに、地下20mにあるヴィーダ湖などからも微生物が発見されている。

作業中のキュリオシティ
ゲール・クレーター（43ページ参照）内のイエローナイフ湾という盆地の岩石に、ロボットアームについたドリルで穴をあけている。背景の山はシャープ山。

[NASA/JPL]

キュリオシティの生命探査

生命探査は、キュリオシティに託された重大な任務のひとつです。ゲール・クレーター内の地面の岩石にドリルで穴をあけ、中の成分を分析しました。その結果、水中でできた粘土や、硫黄、窒素、水素、酸素、リン、炭素などの生命に必要な物質が発見されています。かつては、この場所が豊かな水をたたえ、微生物が繁殖していたことを想像させます。

キュリオシティが岩石をしらべる
ドリルで岩石にあけられた直径1.6cm、深さ6.6cmの穴。[NASA/JPL]

キュリオシティの分析装置
岩石の粉（矢印）から、化学成分をしらべている。[NASA/JPL]

History of Exploration

火星探査の歴史

火星に向けて本格的な探査がはじまったのは1960年代です。
以後、火星にはどの惑星よりも多い40をこえる無人探査機が打ち上げられてきました。
失敗もありましたが、失敗の経験をもとにして、努力につぐ努力がかさねられた結果、
火星に到達した数々の探査機たちが、現在にいたるまで大きな成果をあげつづけています。
ところで、火星探査の目的とはなんでしょうか。
この本でも紹介したとおり、過去の火星の環境は、地球に似ている点が多く見られます。
このように地球によく似た天体をしらべることは、
地球の過去、現在、未来についての、よりよい理解につながるとかんがえられます。
人類が火星へ挑戦しつづける最大の理由もそこにあります。

■────**おもな火星探査機たち**（●──打ち上げ年月日）

- マルス1号《ソ連─現在のロシアほか》接近機 ●1962年11月1日▶火星に向かう途中、行方不明。
- マリナー3号《アメリカ》接近機 ●1964年11月5日▶ロケットの先端部分が分離せず失敗。
- マリナー4号《アメリカ》接近機 ●1964年11月28日▶火星に接近して通過し、世界ではじめて火星表面を撮影した。
- マリナー6号《アメリカ》接近機 ●1969年2月24日▶4号よりも高質な火星表面の撮影に成功。
- マリナー7号《アメリカ》接近機 ●1969年3月27日▶マリナー6号と共に火星表面の画像を撮影。
- コスモス419《ソ連》接近機 ●1971年5月10日▶地球周回軌道をぬけだせず失敗。
- マルス2号《ソ連》周回機と着陸機 ●1971年5月19日▶着陸機は降下中に墜落。
- マルス3号《ソ連》周回機と着陸機 ●1971年5月28日▶火星にはじめて着陸したが、通信できず。
- マリナー9号《アメリカ》周回機 ●1971年5月30日▶はじめて地球以外の惑星軌道にのった探査機。
- マルス5号《ソ連》周回機 ●1973年7月25日▶火星表面を撮影したのち、通信途絶える。

バイキング2号が撮影した
火星表面のパノラマ写真
バイキング2号の着陸機は、
1976年9月3日にユートピア平原
に着陸した。[NASA/JPL]

🇺🇸 **バイキング1号**《アメリカ》周回機と着陸機 ● 1975年8月20日 ▶ クリュセ平原に着陸。生命探査ほか。

🇺🇸 **バイキング2号**《アメリカ》周回機と着陸機 ● 1975年9月9日 ▶ ユートピア平原に着陸。生命探査ほか。

🇷🇺 **フォボス1号、2号**《ソ連》周回機と着陸機 ● 1号は1988年7月7日、2号は同年7月12日 ▶ 1号は通信障害で失敗。2号は火星軌道に投入後、しばらく火星を撮影したあと、通信途絶える。

🇺🇸 **マーズ・オブザーバー**《アメリカ》周回機 ● 1992年9月25日 ▶ 火星に接近したが、行方不明となった。

🇺🇸 **マーズ・グローバル・サーベイヤー**《アメリカ》周回機 ● 1996年11月7日 ▶ レーザー高度計でくわしい地形調査がおこなわれた。

🇷🇺 **マルス96**《ロシア》周回機 ● 1996年11月16日 ▶ 地球周回軌道からぬけだせず失敗。

🇺🇸 **マーズ・パスファインダー**《アメリカ》着陸機と探査車 ● 1996年12月4日 ▶ アレス峡谷に着陸。小さな探査車「ソジャーナ」が活躍した。

🇯🇵 **のぞみ**《日本》周回機 ● 1998年7月4日 ▶ 日本初の火星探査機で、目的は火星の上層大気の調査。火星に接近したが、たび重なるトラブルにより、火星軌道にのるのに失敗した。

🇺🇸 **マーズ・オデッセイ**《アメリカ》周回機 ● 2001年4月7日 ▶ 火星表面の水の調査をおこなった。名前は、スタンリー・キューブリック監督のアメリカ映画「2001: A Space Odyssey（2001年宇宙の旅）」からつけられた。

🇪🇺 **マーズ・エクスプレス**《ESA＝欧州宇宙機関》周回機と着陸機 ● 2003年6月2日 ▶ ロシアのソユーズロケットで打ち上げられた。目的は火星の大気の調査や、地表の生命探査。周回機は順調で、立体カメラは火星表面のダイナミックな姿をとらえた。着陸機は着陸間近で通信が途絶えた。

🇺🇸 **マーズ・エクスプロレーション・ローバー（スピリット）**《アメリカ》探査車 ● 2003年6月10日 ▶ グゼフ・クレーターに着陸。さまざまな科学機器を備えたスピリット（勇気）と名づけられた自律型の探査車でが、かつて大量の水があったあとをさがして火星上を調査した。

🇺🇸 **マーズ・エクスプロレーション・ローバー（オポチュニティ）**《アメリカ》探査車 ● 2003年7月7日 ▶ メリディアニ大陸の小さなクレーターに着陸。スピリットと同じタイプの兄弟探査車 オポチュニティ（機会）が、パノラマ写真の撮影、土や岩石調査などを行った。走行距離は、45kmをこえている（2018年時点）。

🇺🇸 **マーズ・リコネサンス・オービター**《アメリカ》周回機 ● 2005年8月12日 ▶ 高解像度デジタルカメラが火星表面の鮮明な画像を撮影。1m以下のものまで再現された火星地図をつくった。

マーズ・パスファインダーが撮影した火星表面のパノラマ写真
1997年7月4日にエリーズ峡谷に着陸した。手前に着陸に使用した、しぼんだエアーバッグが見える。パスファインダーは「開拓者」という意味。
〔NASA/JPL〕

エアーバッグ

火星への挑戦

| 🇺🇸 | **フェニックス**《アメリカ》着陸機 ●2007年8月4日▶ボレアリス平原に着陸。地表近くに水の氷を発見した。

| 🇷🇺🇨🇳 | **フォボス・グルント／蛍火（インホワ）1号**《ロシア、中国》周回機 ●2011年11月9日▶ロシアと中国が協力して打ち上げた。フォボス・グルントは、衛星フォボスの土を採取して地球へもちかえる「サンプルリターン」の予定だった。地球軌道をぬけだせず失敗。

| 🇺🇸 | **マーズ・サイエンス・ラボラトリー（キュリオシティ）**《アメリカ》探査車 ●2011年11月26日▶ゲール・クレーターに着陸。キュリオシティ（好奇心）と名づけられた探査車は、大きさがオポチュニティなどの約5倍で史上最大。高解像度のカメラや、土壌調査の実験室などの科学計測装置を約10種類装備し火星上を調査している。

| 🇮🇳 | **マーズ・オービター・ミッション（マンガルヤーン）**《インド》周回機 ●2013年11月5日▶火星軌道にのせることに成功したアジア初の探査機。鉱物資源、大気の調査などを行った。

| 🇺🇸 | **メイヴン**《アメリカ》周回機 ●2013年11月18日▶火星の大気を専門に調査する探査機。大気が太陽風によって、はぎ取られるようにうしなっていることをつきとめた。

| 🇪🇺🇷🇺 | **エクソマーズ**《ESA／ロシア》周回機と探査車 ●周回機は、2016年3月14日に打ち上げられ、その後、火星軌道にのり科学観測をおこなっている。しかし、周回機から大気圏に落下された着陸実験機は、火星着陸直前に通信が途絶えた。探査車の打ち上げは、2020年以降の予定。

| 🇺🇸 | **インサイト**《アメリカ》着陸機 ●2018年5月5日▶2018年11月26日には、エリシウム平原に着陸した。地震計や熱流量計を利用して火星内部を探査し、火星がどのようにできたかをしらべる。

■ **これからのおもな火星探査計画**（2018年11月現在）

| 🇺🇸 | **スペースX社無人探査計画**《アメリカ》着陸機 ●2020年ごろ
| 🇺🇸 | **マーズ2020**《アメリカ》探査車 ●2020年ごろ（キュリオシティの後継計画　66ページ参照）
| 🇦🇪 | **アル・アマル**《アラブ首長国連邦 UAE》周回機 ●2020年ごろ（日本のH-IIAロケットで打ち上げ予定）
| 🇨🇳 | **火星探査計画**《中国》周回機と着陸機 ●2020年ごろ
| 🇯🇵 | **火星衛星サンプルリターン計画MMX**《日本》着陸機 ●2020年代（66ページ参照）
| 🇺🇸 | **スペースX社有人探査計画**《アメリカ》着陸機 ●2024年ごろ
| 🇺🇸 | **有人火星探査計画**《アメリカ》着陸機 ●2030年ごろ

キュリオシティが撮影した火星のパノラマ写真
2012年8月6日にゲール・クレーターに着陸した。ゲールクレーターの内部は、かつては湖であったとかんがえられている。
[NASA／JPL]

人類を火星に送り出すルート

約半世紀前の「アポロ計画」で、人類はすでに月へ行って再びもどることに成功しています。近い将来、今度は人類が火星をめざして旅立つことでしょう。しかし、遠い火星に行って帰ってくるには、飛行ルート（道のり）だけをかんがえても、月にくらべてはるかに困難があります。さらに、公転周期がちがう地球と火星は、つねに近づいたり遠のいたりしているので、少ない燃料で宇宙船をうまく火星に送り出せるチャンスはおよそ2年に一度しかめぐってきません。ここでは飛行時間や火星に滞在する時間をかんがえたプランのうち、2つのルートを紹介します。下図は、天体が実際の日付の位置にある場合の例です。

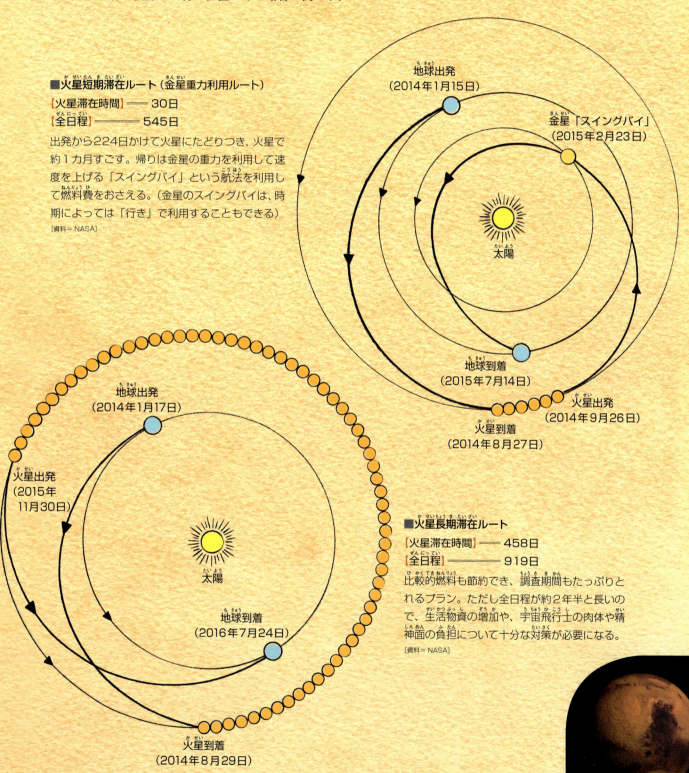

■火星短期滞在ルート（金星重力利用ルート）
【火星滞在時間】──30日
【全日程】──545日
出発から224日かけて火星にたどりつき、火星で約1カ月すごす。帰りは金星の重力を利用して速度を上げる「スイングバイ」という航法を利用して燃料費をおさえる。（金星のスイングバイは、時期によっては「行き」で利用することもできる）
[資料＝NASA]

■火星長期滞在ルート
【火星滞在時間】──458日
【全日程】──919日
比較的燃料も節約でき、調査期間もたっぷりとれるプラン。ただし全日程が約2年半と長いので、生活物資の増加や、宇宙飛行士の肉体や精神面の負担について十分な対策が必要になる。
[資料＝NASA]

ほかにも、行きは宇宙船で火星近くまで行き、着陸せずに宇宙飛行士だけをおろし、帰りは別の宇宙船でむかえにいく、という方法もかんがえられている。

Future Mars Exploration
これからの火星探査

火星と地球はどこが似ていて、どこがちがっているのか。火星には生命が存在するのか。
数々の謎を明らかにするために、火星に向けて探査機が送りこまれています。
また、近い将来に計画されている有人探査にそなえて、
新たなロケットや宇宙船の開発もすすんでいます。

マーズ2020

2020年は、地球から火星に探査機を送るのに適した位置関係になるので、いくつもの火星探査機の打上げが予定されています。NASAのマーズ2020もそのひとつで、機能を進化させたキュリオシティ型の探査車（ローバー）による岩石採集や、ドローンを飛ばすことも予定されています。

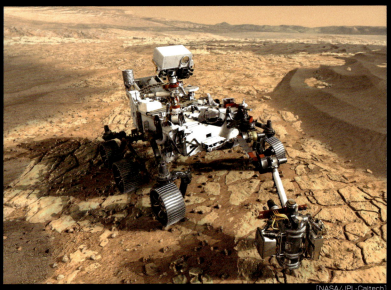

マーズ2020の探査車
火星の土や岩石のサンプル（標本）を採集し、分析したあと保管場所においておく。サンプルは、将来、火星上から打上げるミニロケットで軌道上の宇宙船にとどけられ、地球にもちかえる「サンプルリターン」がおこなわれる。

[NASA/JPL-Caltech]

[NASA/JPL-Caltech]

火星のドローン
火星表面を広く細部までさぐるのが目的で、地球よりもずっと大気圧の低い火星でも飛ぶように設計されている。実現すれば、今までに見たこともないような画像が送られてくるにちがいない。

火星衛星から「サンプルリターン」── MMX

火星の衛星は、もとは小惑星なのか、または天体衝突で火星からとび出したものなのか。その謎の解明に挑戦するのが、2020年代前半に日本のJAXAが打上げを検討しているMMXです。フォボス（またはデイモス）の表面に着陸させ、物質のサンプルを採取し、地球までもちかえる計画です。

[JAXA]

火星に接近したMMXの想像図
打上げ後、約1年かけて火星上空に到着。
火星衛星軌道にはいり、観測とサンプルの採取をしたあと、数年かけて地球にもどる計画。

飛行中のSLSの想像図
メインエンジンやタンクは、スペースシャトル用の交換部品が再利用されている。NASAのこれまでの技術を最大限生かしてつくられたロケットだ。
[NASA/JPL]

新しいロケットと宇宙船

SLS（スペース・ローンチ・システム）は、NASAが月や火星の有人飛行のために開発している大型の打上げロケット。重要な部品には退役したスペースシャトルの技術が受けつがれています。一方、ロシアやアメリカでは、「原子力ロケット」を開発中です。原子力は燃料をあまり心配せず燃焼しつづけることができるため、飛行ルートが自由で、飛行時間の大幅な短縮が可能になります。宇宙空間なので、事故による周辺への汚染の問題もおきにくいことも利点です。

オリオン宇宙船

原子力ロケットの想像図
原子力ロケットは、現在の化学ロケットにくらべ小型化できる。図は開発中の有人宇宙船「オリオン」が2機ドッキングしているところ。
[NASA/JPL]

エレベーターででかける宇宙

地球の上空約3万6000kmにある「静止軌道」では、人工衛星は地球の自転とおなじく、24時間で1周するので、地上からはとまっているようにみえます。この静止軌道に宇宙ステーションをおいて、地球上からケーブルでつないだエレベーターをつくり、人やものを往復させようという「宇宙エレベーター計画」がかんがえられています。いちばんの難題は、ケーブルの強度ですが、近年、「引っぱり強度」が鋼鉄の約20倍あるといわれる「カーボンナノチューブ」という新素材があらわれたことで、実現も夢ではなくなってきています。

宇宙エレベーター計画の構造図
約3万6000km上空にターミナルがあり、高度ごとに火星や木星などへでかける宇宙船の出発口がもうけられている（右手前）。右奥は完成予想図。
[資料図＝大林組]

- 9万6000km ← 木星への入り口
- 5万7000km ← 火星への入り口
- 3万6000km ターミナル
- 8900km 月と同程度の重力の高度
- 3900km 火星と同程度の重力の高度
- 海上駅
- 地球

宇宙太陽光電池衛星
ターミナル・静止衛星ステーション
ケーブル（カーボンナノチューブ）
クライマー（人やものをはこぶ）
地球

「オリオン」は、ロケットで打上げられたあと、月や火星、小惑星まで飛んでいって、もどってくる大型の有人宇宙船。飛行士は6人までのせられ、科学機器や物資もたくさんつみこむことができ、長期間の飛行ができる。

Living on Mars

火星に住む

有人火星探査は、長い場合は数年間、火星に滞在して調査をおこなうことになります。
そこで必要になるのは、宇宙飛行士たちの基地と住居です。
住居には、地球でつくり火星にもちこむタイプと、
資材のほとんどを火星で調達し、現地で一からつくりあげるタイプがあります。
それとは別に、火星そのものを、地球のような環境に変えてしまおうという
おどろくべき計画もあります。

[NASA/Clouds AO/SEArch]

火星基地のかんがえ方

火星表面は大気がうすく、きわめて低温で、その上、放射線という人体に害をおよぼす危険な粒子もふりそそいでいます。基地や住居は、そのような環境から宇宙飛行士をまもり、快適にすごせるものでなければなりません。とはいえ、宇宙船で火星にもちこめる物資には限りがあります。そこで酸素や水などにくわえて、基地の建築資材も現地で調達することが基本になります。また、基地を地上ではなく、放射線の影響をうけにくい地下につくることも提案されています。

火星基地の「氷の家」
強度を増す繊維や薬剤を水にまぜ込んでつくった氷で建てられた、ドーム状の住居で、NASAが主催したコンテストで提案された。利点は、効果的に放射線をさえぎること。内側が明るく快適にすごせること。氷はすぐ調達でき、修理も簡単なことなどだ。氷のパネルは、基地にもちこむ3Dプリンターでつくられる。

火星の「グリーンハウス」の想像図
基地内では野菜類を自給自足するための温室のような施設もつくられるだろう。
（15ページ下も参照）
[NASA]

住居のアイデア

火星探査で得た知識をもとに、火星の環境に合った住居が提案されています。「氷の家」や「宇宙空間でゴムボートのようにふくらむ住居」などは、人間のゆたかな創造力がうみだしたユニークな例です。

[NASA/Bill Ingalls]

火星探査用「Z型」宇宙服
宇宙服も、火星の気圧や重力の中で活動しやすいモデルがかんがえられています。
[NASA]

「インフレータブル式住居」
インフレータブルとは、空気でふくらませて完成させる構造物のことで、アメリカのビゲロー・エアロスペース社が開発した。
火星や月の基地、宇宙ステーションにも利用できる。

人類に、ほかの天体への移住や、テラフォーミングについてかんがえさせる大きな理由のひとつは、
将来おとずれるであろう、過剰な人口増加や食料不足の問題だ。

火星を地球化する

テラフォーミングがすすんだ火星の想像図

左下のアルギル平原や、右側の影にかくれたヘラス平原も水をたたえている。大気圧も上がり地球によく似た雲のようすがうかがえる。火星も過去にさかのぼれば、このような姿をしていたことだろう。

テラフォーミングのかんがえ方

火星を将来、人類が移り住める場所にするための「テラフォーミング（惑星地球化計画）」の研究がすすんでいます。火星には、かつてゆたかな液体の水があり、水をたもてるだけの大気があったことがはっきりしてきました。テラフォーミングは、火星を過去のように人類が住めそうな環境にもどす試みでもあります。

さまざまなアイデアが検討されています。たとえば、気温を上昇させるために、火星上空に巨大な反射鏡のついた衛星をおき、極冠に太陽光をあててドライアイスをとかします。すると大気中に二酸化炭素がふえて「温室効果」がはたらき、気温は上昇します。そうなれば、地中の氷もとけだすので、生活に必要な水も得られるというわけです。大気中に酸素をふやすには、光合成をおこなう細菌の一種「シアノバクテリア」をつかうことも有効といわれています。しかし、どのような知恵をふりしぼろうとも、現在の科学技術では、実現が困難な「夢の計画」であることにちがいはありません。

さまざまあるテラフォーミングの方法を、地球環境を改善する手段として用いることも検討されている。しかし、そもそも環境を変える原因をつくった人類の、地球環境へのかかわりかたについては、きわめて慎重にかんがえられるべき問題である。

さくいん

あ

アーレス　4, 56
アーレス神　4
アスクレウス山　24, 28, **29**, 34, 35, 38
アルシア山　24, 28, **29**, 34, 35, 38, 58
アルバ山　28, 34, 35, 38, 59
アンタレス　**5**, 23
アントニアディ, ウジェーヌ　11
ESA　54, 63, 64, 72
隕石　40, 42, 48, 53, **59**
インフレータブル式住居　**68**
ウェルズ, オーソン　**14**
ウェルズ, H・G　**12**, 14
宇宙エレベーター計画　**67**
宇宙人　**14**
宇宙船　65, 66, 67, 68
宇宙戦争　**12, 13, 14**
宇宙飛行士　15, 65, 68
宇宙服　26, 48, 68
運河（運河説）　9, 10, 11, 12, 14
衛星　8, 26, 56, 57, 66
MMX（探査機）　64, **66**
エリシウム山　25, 37, 39, 45
遠日点　7
大砂嵐　15, **51**
オーソン・ウェルズ（クレーター）　34, 39
オールトの雲　17
オポチュニティ（探査機）　40, 41, 50, 53, 59, **63**
オリオン宇宙船　67
オリンポス山　27, 28, 29, **30, 31**, 34, 35, 38

か

海王星　16, 17
皆既日食　57
外合　**20**
会合周期　20
外惑星　20, 22
火星基地　**68**
カセイ峡谷　24, **33**, 34, 35
火星人　9, 10, **12**, 13, 14, 15, 59, 60
カナリ　9
カナル　9
ガリー　**54**
ガリレイ, ガリレオ　**8**
ガリレイ（クレーター）　34
ガレ・クレーター　34, 36, **59**
逆行　6, **20**, 22
キュリオシティ（探査機）　43, 48, 51, 53, 57, 61, **64**, 66
巨大氷惑星　16
巨大ガス惑星　16
極冠　26, **46**, **47**, 69
近日点　7
金星　6, 10, 11, 16, 40, 65
クレーター　8, 9, 25, 26, 34, **40, 41, 42, 43**, 44, 45, 52, 53, 54, 56, 57
ゲール・クレーター　43, 51, **53**, 61, 64
ケプラー, ヨハネス　6, **7**
ケプラー（クレーター）　37, 39
ケプラーの法則　**7**
原始太陽　55
原子力ロケット　**67**
合　**20**
後期重爆撃期　40, 55
恒星　5, 6, 16
黄道　5, 22, **72**
黄道十二宮　5
黄道十二星座　22
五行思想　5
コペルニクス（クレーター）　4, 35
コペルニクス的転回　6
コペルニクス, ニコラウス　6, 7

さ

最接近　**20**, 21
砂丘　**44**
酸素　69
サンプルリターン　64, 66
磁場　18, 19, 27
JAXA　66, **72**
重力地図　**27**
順行　20
準惑星　16, 17, **72**
衝　20
小接近　**20**, 21, 23
衝突クレーター　28, 40, 47, 57
小惑星　9, 16, 17, **56**, 59, 66, 67
人面岩　**59**
水星　6, 11, 16, 40
彗星　7, 9, 17
スイングバイ　**65**
スキアパレッリ（クレーター）　25, 36, 39
スキアパレッリ, ジョヴァンニ　**9**, 10
スティックニー・クレーター　**57**
砂嵐　18, 21, 25, 27, 46, 47, 48, 50
スピリット（探査機）　26, **63**
スペースX社　64
スペース・ローンチ・システム　**67**
占星術　4, **5**, 7

た

大シルチス台地　8, 25, 36, 37, 38, 39
堆積岩　53
大接近　5, 9, **20**, 21, 22, 23
タイタン（土星の衛星）　8
ダイモス　→デイモス
太陽　6, 7, 16, 17, 19, 20, 21, 49, 56, 57, 65
太陽系　**16, 17**, 18, 27, 30, 42
太陽系外縁天体　16, 17
太陽風　55, 64, **72**

対流圏 …… 48
ダスト・ストーム …… 48, 50, **51**
ダスト・デビル …… **50**
タルシス三山 …… 27, **28**, **29**, 30, 34, 58
タルシス台地（山地）…… 24, 28, 29
タルシスの三姉妹 …… 28
地球 …… 6, 14, 16, 17, **18**, **19**, 20, 21, 22, 23, 25, 26, 27, 48, 49, 50, 55, 58, 59, 60, 62, 63, 64, 65, 66, 67, 68, 69
地球型惑星 …… 16
地動説 …… **6**, 7
中間圏 …… 48
月 …… 6, 8, 9, **19**, 56, 57, 58, 67, 68
デイモス …… **4**, 57
デイモス（衛星）…… 26, **56**, 57, 66
テラフォーミング …… **69**
天動説 …… **6**, 7
天王星 …… 8, 16, 17
土星 …… 6, 8, 16, 17, 22, 23
ドライアイス …… 26, 27, 46, 47, 48, 49, 50, 69
ドローン …… 66
トンボー，クライド …… **10**

な

内合 …… **20**
内惑星 …… 20
NASA …… 11, 24, 31, 32, 37, 38, 39, 41, 43, 45, 50, 52, 53, 56, 59, 60, 66, 67, 68, **72**
南極冠 …… 9, 11, 46, **47**
二酸化炭素 …… 26, 27, 48, 49, 50, 69
日食 …… 57
熱圏 …… 48

は

バイキング（探査機）…… 24, **60**
バイキング1号 …… 31, 37, 59, **60**, 63

バイキング2号 …… 37, **45**, 62, **63**
ハーシェル（クレーター）…… 37
ハーシェル，ウィリアム …… **8**
ハッピーフェイス・クレーター …… **59**
ハビタブルゾーン …… **19**
パボニス山 …… 24, 28, **29**, 34, 35, 38, 58
はやぶさ2 …… **56**
ハレー彗星 …… 17
万有引力 …… 7, **72**
ビクトリア・クレーター …… **40**, **41**, 50
微生物 …… 60, 61
フェニックス（探査機）…… 53, **64**
フォボス（衛星）…… 26, **56**, **57**, 64, 66
プトレマイオス，クラウディオ …… **6**
ブラーエ，ティコ …… **7**
フラマリオン，カミーユ …… 9
ヘラス盆地（平原）…… 36, 38, 39, **42**, 69
ホイヘンス，クリスティアン …… **8**
望遠鏡 …… 8, 9, 11, 46
放射線 …… 68
北極冠 …… 8, 11, **46**, 47, 49, 51
ホール，アサフ …… 56, 57
ボンネビル・クレーター …… 42

ま

マーズ・エクスプレス（探査機）…… 33, 54, **63**
マーズ・オデッセイ（探査機）…… 32, 49, 54, **63**
マーズ・グローバル・サーベイヤー（探査機）
…… 38, 39, 52, 59, **63**
マーズ2020（探査機）…… **64**, **66**
マーズ・パスファインダー（探査機）…… **63**
マーズ・リコネサンス・オービター（探査機）
…… 41, 42, 45, 56, **63**
マウンダー・クレーター …… **40**
マリナー4号（探査機）…… **62**
マリナー7号（探査機）…… **62**
マリナー9号（探査機）…… 32, **62**

マリナー計画 …… 24
マリナー探査機 …… 11, 24
マリネリス峡谷 …… 24, **32**, 34, 35, 38, 52
マルス …… 4
冥王星 …… 10, 16, 17, **72**
メタン …… 60
メリディアニ大陸 …… 25, 40
木星 …… 6, 8, 16, 17, 22, 23, 56, 67
木星型惑星 …… 16

や

有人火星探査 …… 15, 68
ユートピア平原 …… **45**, 51, 62, 63
溶岩洞 …… **58**

ら

留 …… **20**
リュウグウ …… 56
レゴリス …… 56, 57
ローウェル（クレーター）…… 34, 35
ローウェル天文台 …… 10
ローウェル，パーシバル …… **10**, 11, 14, 60

わ

惑星 …… 4, 5, 6, 7, 9, **16**, 17, 18, 19, 20, 22, 26, 27, 49, 55, 59, 62, **72**

71

火星のキーワード

本文で紹介されている項目について、少しくわしい内容を紹介しています。理解を深めるのに利用して下さい。

【アポロ計画】
アメリカのNASAが、1960年代から1970年代前半にかけておこなった、人類を月におくる計画。1969年7月20日、アポロ11号によって、史上はじめて人類が月におり立った。17号までつづけられ、合計6回の宇宙飛行士をのせた月面着陸に成功した。

【引力と重力】
引力（万有引力）は質量をもつ物体が互いに引きあう力。一方、重力は重さの原因になっている力。地球上の物体は地球の引力とひき合っているが、地球は自転しているので、物体は遠心力によって外側にひっぱられている。この遠心力を引力から差し引いた力が重力。

【黄道】
地球をおおう空を球体とみなして「天球」とよんでいる。地球の公転にともなって、太陽は、見かけの上で天球上の星座の間を1年かけてゆっくりと移動している。天球をぐるりとひとまわりするその道筋を黄道という（地球が太陽を公転してできる軌道面を「黄道面」という）。

【質量】
場所によって変化しない、「物体そのものの量」をいう。「重さ」は物体にはたらく重力の大きさできまる。たとえば、質量は地球上でも、重力のちがう火星上でも変わらないが、重さは重力が異なるので変化する。

【磁場】
電流の流れているもののまわりにできる、磁力のはたらく空間のこと。地球のもつ磁場（地磁気）は、太陽風をふせぐバリアのようなはたらきをしている。一方、火星も過去には全体をおおう磁場が存在したが、現在は、弱い磁場が部分的に残っているのみ。

【小惑星】
岩石や金属でできた小天体で、惑星と同じように、太陽のまわりをまわっている。ほとんどは、火星と木星の軌道の間の「小惑星帯」に集中しているが、小惑星帯からはずれて、彗星のような細長い軌道をもつものもある。

【大気圧】
空気にも重さがあり、その重さによる圧力を大気圧という。大気圧はあらゆる方向から物体を押すようにはたらいている。地球の海上面の大気圧は1気圧＝1013.25hPa（ヘクトパスカル）とあらわす。火星面の大気圧は、地球の約100分の1。

【太陽風】
太陽のような恒星の表面からふき出す、超高温の電気をおびた粒子で、恒星風ともいう。地球にやってきた太陽風は、磁場にさえぎられるが、一部が極地から入り込み、オーロラ現象の原因となる。火星には全体をおおうような磁場がないため、大気の多くが宇宙へとふきとばされてしまった。

【天文単位（au）】
天文学で用いられる距離の単位。太陽系の距離をあらわすのに、地球上で使うkmという単位では、桁が大きくなりすぎて都合が悪い。そこで太陽と地球の平均距離である約1億5000万kmを1天文単位といい「1au」（エーユー）とあらわしている。太陽から火星までの平均距離2億2800万kmは、約1.5auになる。

【微惑星】
太陽系が誕生したころに、原始太陽のまわりのガス円盤でうまれた直径10km前後の無数の小天体。惑星は微惑星が合体をくり返して誕生した。現在も小惑星帯、太陽系外縁天体などに存在している。

【マントル】
惑星や衛星の中心部の核をおおう層。地球や火星のような地球型惑星ではおもに岩石、木星型惑星では、おもに金属水素からできている。地球のマントルは高温で、固体のまま長い時間をかけて対流している。火星には地球のような活発なマントルの対流はないとかんがえられている。マントルの語源はラテン語の「おおうもの」という意味の言葉。身体をおおうマント（外套）も語源はおなじ。

【惑星】
太陽（恒星）をまわる天体の内、比較的大きな天体で、国際天文学連合（IAU）では、つぎの3つの条件を満たす天体と定義している。
1. 太陽のまわりをまわっていること。
2. 自分の重力でほぼ球形をしていること。
3. 自分の軌道近くに、衛星をのぞくほかの天体がないこと。
（以前、9番目の惑星とされていた冥王星は、付近に太陽系外縁天体（16ページ参照）があり、第3の条件を満たしていないことから、現在は「準惑星」とされている）

【CNSA（中国国家航天局）】
中国（中華人民共和国）の宇宙開発の担当機関のひとつ。月探査の「嫦娥計画」をすすめており、嫦娥3号（2013年打ち上げ）は、ソ連、アメリカにつづき、月への軟着陸に成功した。2020年の火星探査機打上げが計画されている。

【ESA（イーサ）】
ヨーロッパの国々が共同で設立した宇宙開発の研究機関である欧州宇宙機関（European Space Agency）を略したよび方。天文観測衛星の打上げや、惑星探査、彗星探査などで大きな業績を上げている。火星探査機としては、2003年打ち上げた「マーズ・エクスプレス」がある。

【JAXA（ジャクサ）】
日本の宇宙開発を主導する組織である日本宇宙航空研究開発機構（Japan Aerospace eXploration Agency）を略したよび方。数々の人工衛星打上げや、月探査（「かぐや」など）をおこなっている。とくに小惑星探査（「はやぶさ」「はやぶさ2」）では、世界をリードしている。

【NASA（ナサ）】
アメリカ航空宇宙局（National Aeronautics and Space Administration）を略したよび方。1958年に設立され、アポロ計画や火星探査計画をはじめ、宇宙開発において数々の成果を上げ世界をリードしつづけている。

【Roscosmos（ロスコスモス）】
現在のロシア（ロシア連邦）の宇宙開発の担当機関。ロシアは、ソ連（ソビエト連邦）の時代には、世界初の人工衛星打上げや、有人宇宙飛行、無人月探査機による月の石のサンプルリターンなどを成しとげている。1990年代にソ連が崩壊し、ロシアとなってからは、経済の悪化によって宇宙開発計画の多くが足止め状態となっている。ロシアになってからはじめて打ち上げた火星探査機マルス96（1996年）は、打上げに失敗している。

●監修

吉川 真（よしかわ・まこと）

1962年栃木県生まれ。1989年、東京大学大学院理学系研究科博士課程修了。
宇宙航空研究開発機構(JAXA)/宇宙科学研究所(ISAS)准教授・理学博士。
火星探査機「のぞみ」、小惑星探査機「はやぶさ」、電波天文衛星「はるか」などに関わる。
現在は、小惑星「リュウグウ」で活動中の「はやぶさ2」のミッション・マネージャとしてプロジェクトの推進に貢献している。
また、天体の地球衝突問題(スペースガード)にも取り組んでいる。
著書や共著書に『天体の位置と運動 シリーズ現代の天文学第3巻』日本評論社、『天文学への正体』朝倉書店、
『小惑星衝突』ニュートンプレスなど。監修書に『月を知る!』岩崎書店ほかがある。

●構成・文

三品隆司（みしな・たかし）

1953年愛知県生まれ。科学ライター、編集者、イラストレーター。
医学、天文学など、自然科学を中心とした書籍の企画、編集、執筆に携わるほか、美術史、民俗学への造詣も深い。
著書や共著書に『スペース・アトラス』、『アインシュタインの世界』、『いちばんわかりやすい解剖学』以上PHP研究所。
『雪花譜』講談社カルチャーブックス。『柳宗民の雑草ノオト』毎日新聞社/ちくま学芸文庫。『歌の花、花の歌』明治書院。
『星空の大研究』、『月を知る!』岩崎書店などがある。

●写真

藤井 旭、窪田惇志/PPS通信社、Arizona State University、AULA、Bigelow Aerospace、
Bill Ingalls、Clouds AO、Cornell、DIR、ESA、FU Berlin、GSFC、JAXA、JPL、
JPL-Caltech、Lowell Observatory Archives、Malin Space Science Systems、MGS、MOLA、
NSDCCA、STScl、SVS、Texas A & M University、University of Arizona、USGS

●イラストレーション・図版

三品隆司、藤井 旭、黒木博

●協力

大林組、岡田好之、旧白河天体観測所、東京創元社、早川書房、ISAS、JAXA

●シリーズロゴマーク作成

石倉ヒロユキ

調べる学習百科

火星を知る！　　NDC445

発行日　2018年12月31日　第1刷発行　72P.　29×22cm

著者　　三品隆司
監修　　吉川　真
発行者　岩崎弘明　編集担当　鹿島 篤（岩崎書店）
発行所　株式会社 岩崎書店　東京都文京区水道1-9-2 〒112-0005
　　　　電話 03-3812-9131（営業）　03-3813-5526（編集）
　　　　振替 00170-5-96822

印刷・製本　大日本印刷株式会社

装丁・レイアウト　鈴木康彦

©2018 Takashi Mishina
Published by IWASAKI Publishing Co., Ltd.　Printed in Japan
ISBN978-4-265-08634-4

ご意見・ご感想をおまちしています。
Email：info@iwasakishoten.co.jp
岩崎書店ホームページ
http://www.iwasakishoten.co.jp

落丁本、乱丁本は送料小社負担でおとりかえいたします。
本書のコピー、スキャン、デジタル化等の無断複製は著作権法上の例外を除き禁じられています。
本書を代行業者等の第三者に依頼してスキャンやデジタル化することは、たとえ個人や家庭内での利用であっても一切認められておりません。